AF588701

THÉORIE

DU

MOUVEMENT DE MERCURE,

PAR U.-J. LE VERRIER.

PARIS,

BACHELIER, IMPRIMEUR-LIBRAIRE DU BUREAU DES LONGITUDES,
Quai des Augustins, 55.

1845.

Imprimerie de BACHELIER, rue du Jardinet, 12.

THÉORIE

DU

MOUVEMENT DE MERCURE,

PAR U.-J. LE VERRIER.

Dans les Additions jointes à ce Recueil, années 1843 et 1844, j'ai traité des inégalités séculaires des planètes, avec tous les détails qui peuvent intéresser l'Astronomie. Je me proposais alors de revoir, avec soin, la détermination des inégalités périodiques; puis d'introduire dans les Tables les modifications qui auraient été indiquées par l'ensemble de ces recherches. A mesure cependant que le travail avançait pour Mercure, je rencontrai des difficultés qui m'écartèrent insensiblement de ma route, et me forcèrent définitivement à reprendre en entier, sur de nouvelles bases, la comparaison de la théorie avec les observations. Cet écrit a pour but de faire connaître la marche que j'ai suivie, et les résultats auxquels je suis parvenu. Je le diviserai en *trois parties*.

Après avoir présenté quelques considérations générales, je m'occuperai principalement, dans la *première partie*, du calcul des perturbations du mouvement héliocentrique de Mercure, et des questions qui s'y rattachent.

La *deuxième partie* comprendra la comparaison de la théorie avec les observations, et la détermination des éléments du mouvement elliptique.

Dans la *troisième partie*, je traiterai de la réduction des formules en Tables numériques.

En donnant ainsi, en quelque sorte, un Traité complet de la théorie de la planète la plus voisine du Soleil, j'omettrai nécessairement, d'une part, les développements généraux des formules algébriques, et, de l'autre, certains détails de discussion et de comparaison scientifique sur lesquels il serait inutile de revenir. On pourra consulter, à ce double égard, les Additions de 1843 et 1844, et le *Journal de Mathématiques* publié par M. Liouville, années 1840 et 1843.

PREMIÈRE PARTIE.

CONSIDÉRATIONS SUR LA THÉORIE DE MERCURE. CALCUL DES PERTURBATIONS DU MOUVEMENT HÉLIOCENTRIQUE.

Adeò ut cœlestis hic Mercurius non minùs astronomos torserit, quàm terrestris alchimistas eludat.

(Riccioli, *Almagest. nov.*, lib. VII, sect. III, cap. I.)

1. Nulle planète n'a demandé aux Astronomes plus de soins et de peines que Mercure, et ne leur a donné en récompense tant d'inquiétudes, tant de contrariétés. En les comparant à celles dont le mercure terrestre était la source pour les alchimistes, Riccioli n'a fait qu'émettre l'opinion des Astronomes de son temps, et celle de ses prédécesseurs. « Si je connaissais quel- » qu'un, disait Mœstlinus, qui s'occupât de Mercure, je me croirais obligé » de lui écrire pour lui conseiller charitablement de mieux employer son » temps. » Les Astronomes qui, depuis Mœstlinus et Riccioli, ont eu le malheur de s'attacher à la théorie de Mercure, Lalande en particulier, ont dû plus d'une fois se ranger à leur avis.

L'immense difficulté que Mercure a présentée aux anciens astronomes venait surtout de ce que la planète, plongée, durant le jour, dans les rayons du Soleil, ne pouvait être vue que le soir et le matin dans les vapeurs de l'horizon; en sorte qu'avant l'invention et le perfectionnement des lunettes, il était impossible de l'observer hors de ses élongations. Copernic, empêché par les brouillards de la Vistule et par la longue durée des crépuscules en été, ne put jamais parvenir à apercevoir Mercure. L'astronome Schoner est cité pour avoir fait, à Nuremberg, quelques observations de Mercure.

On n'avait donc sur cette planète qu'un petit nombre de données fort peu précises, pour arriver à la détermination d'une orbite très-excentrique. Il n'en résulta pas cependant de grands inconvénients jusqu'en l'année 1631. Les Tables et les observations, avant cette époque, étaient également mauvaises; le tout pouvait marcher ensemble dans les mêmes limites d'erreur. Mais lorsque, après avoir construit ses Tables rudolphines, Kepler en vint, en 1627, à prédire un passage de Mercure sur le Soleil pour le 7 novembre 1631, il comprit parfaitement qu'on allait se trouver désormais dans un grand embarras, qu'on serait obligé de prédire des phénomènes susceptibles d'être observés avec la plus grande précision, en se fondant sur des Tables très-défectueuses; et cet immortel auteur n'osa pas assurer que son calcul pût représenter le lieu de Mercure, dans ses conjonctions, avec une précision de plus d'un jour.

Kepler mourut en 1631, quelques jours avant l'époque qu'il avait fixée pour un passage de Vénus sur le Soleil. Ce passage ne fut pas observé. Mais celui de Mercure arriva comme il avait été prédit, et fut aperçu en plusieurs points de l'Europe. Gassendi l'observa à la chambre obscure. Lorsque le 7 novembre au matin, les nuages vinrent à se dissiper, Gassendi remarqua sur l'image du Soleil un point noir, très-net, qu'il prit pour une tache solaire. On attribuait alors à Mercure un diamètre de trois minutes, tandis que la tache avait un diamètre à peine sensible. Gassendi la compara aux bords du Soleil, dans l'intention de lui rapporter ensuite la position de Mercure s'il venait à paraître sur le disque du Soleil. Plusieurs fois, à différents intervalles, il reprit cette mesure; et ce fut en voyant que la prétendue tache avait un mouvement propre très-rapide, qu'il comprit enfin que Mercure était sous ses yeux. Gassendi écrivit à Schickard pour lui rendre compte de son observation. « Plus heureux, dit-il, que tous ces philosophes hermétiques occupés à » chercher *Mercurium in Sole* (c'est-à-dire la pierre philosophale), je l'ai » trouvé, je l'ai contemplé là où personne avant moi ne l'avait vu. »

L'observation de Gassendi apprit que les Tables de Ptolémée étaient en erreur de 4°25'; les Tables prussiennes de Reinhold, de 5 degrés; celles de Longomontanus, de 7°13'; celles de Lansberg, de 1°21'; enfin, les Tables rudolphines, de 14' 24".

A l'occasion du passage de 1651, Skakerlœus entreprit un voyage aux Grandes-Indes, qui n'a servi à rien. Halley fut plus heureux; et, en 1677, il fit, à Sainte-Hélène, la première observation complète d'un passage de Mercure sur le Soleil.

Hevelius observa avec soin le passage de 1661. Cependant Cassini fils, pour expliquer les erreurs des Tables de son père, s'en prit à l'observation d'Hevelius.

La Hire, dont les Tables paraissaient exactes, suivant des observations méridiennes, prédit, pour le 5 mai 1707, un passage de Mercure sur le Soleil, visible à Paris. Le 5 mai, le Soleil se lève dans tout son éclat, fournit toute sa course sans que le plus léger nuage vienne le voiler, et Mercure ne paraît pas sur son disque. Le passage eut lieu dans la nuit, et fut entrevu le 6 au matin, par Rœmer, à Copenhague.

Le 8 mai 1720, de l'Isle attendit vainement un passage indiqué par les Éphémérides, et qui n'eut pas lieu.

Lors du passage de 1753, Lalande alla observer à Meudon, afin de procurer à Louis XV la satisfaction de voir Mercure sur le Soleil. Les Tables de la Hire indiquaient l'entrée sur le disque du Soleil pour le 5 mai au soir; et celles de Halley pour le 6 mai, à 6^h30^m du matin. Elle eut réellement lieu le 6, à 2^h30^m du matin.

Après un grand nombre d'essais infructueux sur la théorie de Mercure, Lalande se décide à apprendre le grec, afin de discuter de nouveau les observations qui nous ont été transmises par l'Almageste. Il espère enfin n'avoir plus qu'à jouir du fruit de ses longs travaux, lorsque le passage du 4 mai 1786 vient durement lui apprendre que Mercure est bien toujours cette planète qui, suivant l'opinion de Tycho-Brahé, n'est propre qu'à décrier la réputation des astronomes.

« Au lever du Soleil, dit Delambre, il pleuvait; tous les astronomes » de Paris étaient à leurs lunettes; mais, fatigués d'attendre, ils quittèrent » leur poste une demi-heure après le moment de la sortie calculée (par les » Tables de Lalande), ne conservant plus aucune espérance..... Je pris le » parti d'attendre jusqu'après le moment indiqué par les Tables de Halley; » mais je n'eus pas besoin de tant de constance: l'observation arriva plus » tard de trois quarts d'heure (53 minutes) que suivant Lalande, mais » trois quarts d'heure plus tôt que suivant Halley. Le Monnier et Pingré, » Lalande et son neveu, Méchain, Cassini et ses trois adjoints, trompés par » l'annonce, avaient tous manqué l'observation. Je leur montrai la mienne » le soir même; ils ne voulaient presque pas y croire. Ce fut la première » observation que j'eus l'occasion de porter à l'Académie des Sciences, et » c'est de là que je date ma carrière d'astronome observateur. »

Lalande, toutefois, ne se rebuta pas; et il eut la satisfaction de prédire les passages de 1789, 1799 et 1802, avec plus d'exactitude.

La théorie de Mercure peut être reprise aujourd'hui avec avantage. Les observations méridiennes de cette planète ont été multipliées depuis quarante ans; et, grâce au zèle et à l'habileté persévérante de ses astronomes, l'Observatoire de Paris en possède plus qu'aucun autre de l'Europe. Dans ces dernières années, depuis 1836 jusqu'en 1842, deux cents observations complètes de Mercure ont été faites : nombre prodigieux, si l'on considère la difficulté qu'on a de voir cette planète dans nos climats, et qui a exigé qu'on en saisît attentivement toutes les occasions.

Je dois à la libéralité scientifique de l'illustre directeur de notre Observatoire, M. Arago, d'avoir pu puiser dans ces précieux Recueils encore inédits. J'ai fait tous mes efforts pour que l'exactitude de ma théorie ne restât pas au-dessous de la précision des observations qui m'étaient confiées

§ Ier.

Éléments provisoires de l'orbite de Mercure. Diamètre et masse de la planète.

2. *Moyen mouvement. Demi-grand axe.* — Le moyen mouvement, admis dans les Tables de M. de Lindenau, pour une année commune de 365 jours, et par rapport à l'équinoxe mobile, est de 1493°43′3″,613. Et, par suite, ce mouvement, en une année julienne, est de 1494°44′26″,752. La précession des équinoxes est supposée de 50″,11.

J'adopterai, dans la suite de ce travail, la valeur suivante de la précession annuelle :

$$50'',2235 + t.0'',000244,$$

le temps t étant compté à partir du 1er janvier 1800. Cette précession surpassant celle des Tables actuelles de Mercure de 0″,1135, la différence devra être ajoutée au moyen mouvement annuel de la planète, par rapport aux équinoxes; et ainsi, le moyen mouvement pour une année julienne deviendra égal à 1494°44′26″,8655. C'est ce nombre dont nous aurons à chercher plus tard la correction.

3. En retranchant la précession, du moyen mouvement de Mercure rapporté à l'équinoxe, nous trouverons pour son moyen mouvement sidéral, exprimé en secondes sexagésimales, 5 381 016″,642. Pour en déduire le demi-grand axe a de l'orbite, appelons n'' et n les moyens mouvements sidéraux de la Terre et de Mercure; m'' et m les masses respectives de ces deux planètes. Nous aurons

$$a = \left(\frac{n''}{n}\right)^{\frac{2}{3}}\left(1 + \frac{m - m''}{3}\right).$$

n'' est égal à 1 295 977″,382. Suivant ce que nous dirons plus bas de la masse de Mercure, et d'après la masse connue de la Terre, $(m'' - m)$ est égal à 0,000 002 48. On en déduit

$$a = 0,387\,098\,7.$$

4. *Époque pour l'an* 1800. — Les Tables donnent la longitude moyenne égale à 108°4′48″,3, pour le midi du 31 décembre 1799, temps moyen de l'Observatoire du Seéberg. Nous la réduirons au midi moyen de l'Observatoire de Paris, en lui ajoutant 5′43″,6. De plus, pour nous conformer aux usages du Bureau des Longitudes de France, nous transporterons l'époque de chaque année au minuit moyen qui la sépare de l'année précédente, en ajoutant à la longitude moyenne, déterminée pour le midi moyen du 31 décembre 1799, le mouvement pour 12 heures, qui est de 2°2′46″,3. Nous obtiendrons ainsi l'époque ε suivante,

$$\varepsilon = 110^\circ\, 13'18'',2.$$

5. *Excentricité et longitude du périhélie.* — La Table de l'équation du centre, donnée par M. de Lindenau, suppose l'excentricité suivante, en 1800,

$$e = 0{,}205\,617\,9.$$

La longitude du périhélie, au 1er janvier 1800, a pour valeur

$$\varpi = 74^\circ\, 20'\, 5'',8.$$

6. Les données précédentes suffisent pour calculer la longitude vraie dans l'orbite et le rayon vecteur, quand on considère e et ϖ comme invariables; nous tiendrons compte plus tard de leurs mouvements. En désignant par ζ l'anomalie moyenne, par y l'équation du centre, et par r le rayon vecteur, on trouve, au moyen de la formule de Lagrange:

$$y = A_1 \sin\zeta + A_2 \sin 2\zeta + A_3 \sin 3\zeta + \ldots,$$

$$A_1 = 4\left(\frac{e}{2}\right) - 2\left(\frac{e}{2}\right)^3 + \frac{5}{3}\left(\frac{e}{2}\right)^5 + \frac{107}{36}\left(\frac{e}{2}\right)^7 + \frac{6217}{720}\left(\frac{e}{2}\right)^9 \ldots\ldots,$$

$$A_2 = 5\left(\frac{e}{2}\right)^2 - \frac{22}{3}\left(\frac{e}{2}\right)^4 + \frac{17}{3}\left(\frac{e}{2}\right)^6 + \frac{86}{45}\left(\frac{e}{2}\right)^8 \ldots\ldots,$$

$$A_3 = \frac{26}{3}\left(\frac{e}{2}\right)^3 - \frac{43}{2}\left(\frac{e}{2}\right)^5 + \frac{95}{4}\left(\frac{e}{2}\right)^7 - \frac{973}{120}\left(\frac{e}{2}\right)^9 \ldots\ldots,$$

$$A_4 = \frac{103}{6}\left(\frac{e}{2}\right)^4 - \frac{902}{15}\left(\frac{e}{2}\right)^6 + \frac{4123}{45}\left(\frac{e}{2}\right)^8 \ldots\ldots,$$

$$A_5 = \frac{1097}{30}\left(\frac{e}{2}\right)^5 - \frac{5957}{36}\left(\frac{e}{2}\right)^7 + \frac{164921}{504}\left(\frac{e}{2}\right)^9 \ldots\ldots,$$

$$A_6 = \frac{1223}{15}\left(\frac{e}{2}\right)^6 - \frac{15826}{35}\left(\frac{e}{2}\right)^8 \ldots\ldots,$$

$$A_7 = \frac{47273}{252}\left(\frac{e}{2}\right)^7 - \frac{1773271}{1440}\left(\frac{e}{2}\right)^9 \ldots\ldots,$$

$$A_8 = \frac{556403}{1260}\left(\frac{e}{2}\right)^8 \ldots\ldots,$$

$$A_9 = \frac{10661993}{10080}\left(\frac{e}{2}\right)^9 \ldots\ldots;$$

$$\frac{r}{a} = 1 + 2\left(\frac{e}{2}\right)^2 - \mathrm{B}_1 \cos\zeta - \mathrm{B}_2 \cos 2\zeta - \mathrm{B}_3 \cos 3\zeta - \ldots\ldots,$$

$$\mathrm{B}_1 = 2\left(\frac{e}{2}\right) - 3\left(\frac{e}{2}\right)^3 + \frac{5}{6}\left(\frac{e}{2}\right)^5 - \frac{7}{72}\left(\frac{e}{2}\right)^7 + \frac{1}{160}\left(\frac{e}{2}\right)^9 \ldots\ldots,$$

$$\mathrm{B}_2 = 2\left(\frac{e}{2}\right)^2 - \frac{16}{3}\left(\frac{e}{2}\right)^4 + 4\left(\frac{e}{2}\right)^6 - \frac{64}{45}\left(\frac{e}{2}\right)^8 \ldots\ldots,$$

$$\mathrm{B}_3 = 3\left(\frac{e}{2}\right)^3 - \frac{45}{4}\left(\frac{e}{2}\right)^5 + \frac{567}{40}\left(\frac{e}{2}\right)^7 - \frac{729}{80}\left(\frac{e}{2}\right)^9 \ldots\ldots,$$

$$\mathrm{B}_4 = \frac{16}{3}\left(\frac{e}{2}\right)^4 - \frac{128}{5}\left(\frac{e}{2}\right)^6 + \frac{2048}{45}\left(\frac{e}{2}\right)^8 \ldots\ldots,$$

$$\mathrm{B}_5 = \frac{125}{12}\left(\frac{e}{2}\right)^5 - \frac{4375}{72}\left(\frac{e}{2}\right)^7 + \frac{15625}{112}\left(\frac{e}{2}\right)^9 \ldots\ldots,$$

$$\mathrm{B}_6 = \frac{108}{5}\left(\frac{e}{2}\right)^6 - \frac{5184}{35}\left(\frac{e}{2}\right)^8 \ldots\ldots,$$

$$\mathrm{B}_7 = \frac{16807}{360}\left(\frac{e}{2}\right)^7 - \frac{117649}{320}\left(\frac{e}{2}\right)^9 \ldots\ldots,$$

$$\mathrm{B}_8 = \frac{32768}{315}\left(\frac{e}{2}\right)^8 \ldots\ldots,$$

$$\mathrm{B}_9 = \frac{531441}{2240}\left(\frac{e}{2}\right)^9 \ldots\ldots;$$

ou bien, en réduisant en nombres, au moyen de la valeur précédente de e, et en exprimant les coefficients de l'équation du centre en secondes sexagésimales,

$$\begin{aligned} y = {} & 84379'',22 \sin\zeta \\ & + 10733'',16 \sin 2\zeta \\ & + 1892'',20 \sin 3\zeta \\ & + 381'',17 \sin 4\zeta \\ & + 82'',57 \sin 5\zeta \\ & + 18'',72 \sin 6\zeta \\ & + 4'',38 \sin 7\zeta \\ & + 1'',03 \sin 8\zeta \\ & + 0'',25 \sin 9\zeta ; \end{aligned}$$

$$
\begin{aligned}
r = 0{,}395\,2817 &- 0{,}078\,3362 \cos\zeta \\
&- 0{,}007\,9542 \cos 2\zeta \\
&- 0{,}001\,2126 \cos 3\zeta \\
&- 0{,}000\,2192 \cos 4\zeta \\
&- 0{,}000\,0435 \cos 5\zeta \\
&- 0{,}000\,0092 \cos 6\zeta \\
&- 0{,}000\,0020 \cos 7\zeta \\
&- 0{,}000\,0005 \cos 8\zeta \\
&- 0{,}000\,0001 \cos 9\zeta.
\end{aligned}
$$

Ces formules sont commodes quand on les a préalablement réduites en Tables. Autrement on peut, avec autant d'avantage, passer par l'anomalie excentrique, pour calculer le lieu vrai, au moyen des formules

$$u - e \sin u = \zeta,$$

$$\tang \frac{v - \varpi}{2} = \sqrt{\frac{1+e}{1-e}} \tang \frac{u}{2},$$

$$r = a - ae \cos u = a(1-e) + 2ae \sin^2 \frac{u}{2}.$$

Près du périhélie, où l'angle u est petit, la seconde forme donnée à l'expression du rayon est préférable à la première. En réduisant en nombres, au moyen des valeurs précédentes de a et de e, on obtient les formules

$$u - (4{,}627\,4861) \sin u = \zeta,$$

$$\tang \frac{v - \varpi}{2} = (0{,}090\,5901) \tang \frac{u}{2},$$

$$r = 0{,}387\,0987 - (8{,}900\,8827) \cos u,$$

$$r = 0{,}307\,5043 + (9{,}201\,9127) \sin^2 \frac{u}{2},$$

dans lesquelles les nombres placés entre parenthèses sont des logarithmes. Le logarithme compris dans la première formule est celui de l'excentricité réduite en secondes sexagésimales; les autres logarithmes représentent des nombres abstraits.

7. *Inclinaison et longitude du nœud.* — Leurs valeurs φ et θ sont, d'après les Tables, pour le 1er janvier 1800, les suivantes :

$$\varphi = 7^\circ\ 0'\ 5'',9,$$
$$\theta = 45^\circ\ 57'\ 9'',0.$$

8. On passera de la longitude v, dans l'orbite, à la longitude v_1, réduite à l'écliptique, au moyen de la formule

$$\text{tang}(v_1 - \theta) = \cos\varphi \,\text{tang}(v - \theta) = (9{,}996\,7492)\,\text{tang}(v - \theta);$$

ou bien, si l'on préfère calculer la réduction $(v_1 - v)$ à l'écliptique, on le fera au moyen de la formule suivante, qui résulte du développement de la précédente,

$$v_1 - v = -\,\text{tang}^2 \frac{\varphi}{2} \sin 2(v - \theta) + \frac{1}{2}\,\text{tang}^4 \frac{\varphi}{2} \sin 4(v - \theta) - \ldots .$$

En réduisant les coefficients de cette formule en secondes sexagésimales, elle devient

$$v_1 - v = -\,771'',97 \sin 2(v - \theta) + 1'',44 \sin 4(v - \theta).$$

La latitude héliocentrique λ sera donnée par la formule

$$\sin\lambda = \sin\varphi \sin(v - \theta) = (9{,}085\,9956)\sin(v - \theta).$$

Enfin, le rayon vecteur r_1, réduit à l'écliptique, se calculera au moyen de l'expression

$$r_1 = r\cos\lambda.$$

9. *Demi-diamètre de la planète.* — On peut le déduire, avec assez de précision, de l'intervalle de temps qui sépare le contact intérieur et le contact extérieur, lorsque la planète, dans ses passages, quitte le disque du Soleil. On peut aussi l'obtenir par des mesures micrométriques pendant la durée du passage. Il paraît être très-exactement de 3",34 à la distance moyenne.

Je l'ai supposé, il est vrai, de 3",23 à cette distance, dans la discussion des différents passages de la planète sur le Soleil; mais il n'en résultera aucun inconvénient. Je ne considérerai que les contacts intérieurs; et j'introduirai comme inconnue, dans les équations de condition, la correction que l'on doit apporter à la différence des demi-diamètres du Soleil et de Mercure, pour faire concorder les observations de l'entrée et de la sortie. On pourra donc toujours restituer à Mercure tel diamètre qu'on voudra, pour en déduire la valeur la plus exacte du diamètre du Soleil qu'il convient d'employer dans les observations des passages de Mercure.

10. *Masse.* — En comparant les masses de la Terre, de Jupiter et de Saturne à leurs volumes, on a remarqué que les densités de ces planètes étaient, à peu près, en raison inverse de leurs moyennes distances au Soleil. La loi n'est pas vraie pour Vénus et Uranus. En l'étendant toutefois à Mer-

cure, on en déduirait la densité de cette planète, et par suite sa masse, puisque son volume se conclut du diamètre apparent observé à la distance moyenne. On trouverait ainsi que la masse de la planète est, à peu près, un deux-millionième de celle du Soleil.

Dans plusieurs recherches, j'ai réduit cette masse à $\frac{1}{3\,000\,000}$, en considération des perturbations qu'elle a fait éprouver à la comète d'Encke, dans son passage au périhélie, en 1838. Mais, suivant M. Encke, la masse de Mercure serait encore plus faible, et égale à $\frac{1}{5\,000\,000}$ de la masse du Soleil. Nous conclurons donc seulement que cette masse est fort petite, et qu'elle ne peut avoir aucune influence sensible sur le calcul du grand axe de l'orbite.

---

§ II.

Développements relatifs aux formules employées dans le calcul des perturbations.

11. J'ai déterminé les inégalités des éléments et des coordonnées elliptiques par la méthode de la variation des constantes arbitraires. Le grand nombre d'acceptions sous lesquelles les différents auteurs ont souvent pris un même élément, m'oblige, quel que soit mon désir d'abréger, à bien préciser le sens des quantités que j'emploierai.

Désignons par m la masse de la planète troublée, par a le demi-grand axe de son orbite, par e son excentricité, par φ l'inclinaison du plan de son orbite sur un plan fixe qui sera celui de l'écliptique en 1800.

Menons dans le plan fixe, par le centre du Soleil, une droite invariable, pour servir d'origine aux longitudes projetées sur ce plan, et supposons que cette droite soit la ligne des équinoxes au 1er janvier 1800. Désignons par θ la longitude du nœud ascendant de m, comptée à partir de cette ligne.

Si dans le plan de l'orbite de m nous reportons, à partir du nœud ascendant, et dans le sens rétrograde, un angle égal à θ, nous obtiendrons une droite dont la position sera toujours facile à retrouver, malgré le déplacement de l'orbite; nous la prendrons pour servir d'origine aux longitudes dans l'orbite. Nous représenterons par ε la longitude de l'époque au 1er janvier 1800, comptée à partir de cette origine; ϖ sera la longitude du périhélie dans l'orbite.

Enfin, désignons par les mêmes lettres, mais affectées d'un accent, les éléments de la planète perturbatrice, en sorte que m', a',... soient sa masse, son demi-grand axe, etc.

Je prendrai pour la fonction perturbatrice, provenant de l'action de m' sur m, l'expression suivante

$$R = (r^2 + r'^2 - 2rr' \cos v)^{-\frac{1}{2}} - \frac{r \cos v}{r'^2},$$

r et r' étant les rayons vecteurs des deux planètes, et v l'angle compris entre ces rayons vecteurs.

Si nous considérons R comme fonction du temps t, et des éléments a, ε, e, ϖ, φ et θ de l'orbite troublée, nous aurons les expressions suivantes pour la variation différentielle du moyen mouvement $\rho = nt$, et pour celles des éléments elliptiques (*Additions* 1844, p. 38),

$$\frac{1}{m'}\frac{d^2\rho}{dt^2} = -\frac{3an^2}{\mu}\frac{dR}{d\varepsilon},$$

$$\frac{1}{m'}\frac{da}{dt} = \frac{2a^2n}{\mu}\frac{dR}{d\varepsilon},$$

$$\frac{1}{m'}\frac{d\varepsilon}{dt} = -\frac{2a^2n}{\mu}\frac{dR}{da} + \frac{an}{\mu}\frac{e}{1+(1-e^2)^{-\frac{1}{2}}}\frac{dR}{de} + \frac{an \operatorname{tang}\frac{1}{2}\varphi}{\mu\sqrt{1-e^2}}\frac{dR}{d\varphi},$$

$$\frac{1}{m'}\frac{de}{dt} = -\frac{an\sqrt{1-e^2}}{\mu e}\frac{dR}{d\varpi} - \frac{an}{\mu}\frac{e}{1+(1-e^2)^{-\frac{1}{2}}}\frac{dR}{d\varepsilon},$$

$$\frac{1}{m'}\frac{d\varpi}{dt} = \frac{an\sqrt{1-e^2}}{\mu e}\frac{dR}{de} + \frac{an \operatorname{tang}\frac{1}{2}\varphi}{\mu\sqrt{1-e^2}}\frac{dR}{d\varphi},$$

$$\frac{1}{m'}\frac{d\varphi}{dt} = -\frac{an(1-e^2)^{-\frac{1}{2}}}{\mu \sin\varphi}\frac{dR}{d\theta} - \frac{an \operatorname{tang}\frac{1}{2}\varphi}{\mu\sqrt{1-e^2}}\left(\frac{dR}{d\varepsilon} + \frac{dR}{d\varpi}\right),$$

$$\frac{1}{m'}\frac{d\theta}{dt} = \frac{an(1-e^2)^{-\frac{1}{2}}}{\mu \sin\varphi}\frac{dR}{d\varphi}.$$

12. En ne considérant d'abord que la première puissance des masses perturbatrices, ainsi qu'on doit commencer par le faire dans tous les cas, et ce qui, d'ailleurs, suffit pour la théorie particulière de Mercure, à cause de la petitesse de ses inégalités, on pourra, dans la fonction R, remplacer r, r' et v par leurs valeurs en fonctions des éléments des orbites et du temps. La même simplification devra être apportée aux fonctions dérivées de R, qui deviendront ainsi susceptibles d'être développées par rapport aux sinus et aux cosinus des multiples des longitudes moyennes; et, cela étant fait, l'intégration des formules précédentes fera connaître les inégalités finies $\delta\rho$, δa, $\delta\varepsilon$, δe, $\delta\varpi$, $\delta\varphi$ et $\delta\theta$ des éléments elliptiques, en fonctions du temps.

On en conclura les variations finies de la longitude v dans l'orbite, du rayon vecteur r, et de la latitude héliocentrique λ, en différentiant les formules des paragraphes (6) et (8), par rapport aux constantes. On trouvera

$$\begin{aligned}
\delta v &= \delta\rho + \delta\varepsilon \\
&+ \left[\left(2e - \frac{e^3}{4}\right)\cos\zeta + \left(\frac{5}{2}e^2 - \frac{11}{12}e^4\right)\cos 2\zeta + \frac{13}{4}e^3\cos 3\zeta + \frac{103}{24}e^4\cos 4\zeta\right]\delta\zeta \\
&+ \left[\left(2 - \frac{3}{4}e^2\right)\sin\zeta + \left(\frac{5}{2}e - \frac{11}{6}e^3\right)\sin 2\zeta + \left(\frac{13}{4}e^2 - \frac{215}{64}e^4\right)\sin 3\zeta + \frac{103}{24}e^3\sin 4\zeta\right]\delta e,
\end{aligned}$$

$$\begin{aligned}
\delta r &= \left[\left(1 + \frac{e^2}{2}\right) - \left(e - \frac{3}{8}e^3\right)\cos\zeta - \frac{1}{2}e^2\cos 2\zeta\right]\delta a \\
&+ \left[ae - a\left(1 - \frac{9}{8}e^2\right)\cos\zeta - ae\cos 2\zeta - \frac{9}{8}ae^2\cos 3\zeta\right]\delta e \\
&+ \left[a\left(e - \frac{3}{8}e^3\right)\sin\zeta + ae^2\sin 2\zeta\right]\delta\zeta,
\end{aligned}$$

$$\delta\lambda = \sin(v - \theta)\,\delta\varphi - \cos(v - \theta)\sin\varphi\,\delta\theta.$$

Cette dernière formule suppose, selon l'usage des Tables ordinaires, qu'on prenne la longitude troublé pour argument de la latitude.

15. La réduction de la fonction R en série peut s'effectuer par différentes méthodes que j'ai suivies tour à tour, suivant les circonstances. On peut développer algébriquement chacun de ses termes suivant les puissances des excentricités et des inclinaisons. On y trouve cet avantage que la fonction R étant une fois réduite en série, on en déduit immédiatement les développements de ses dérivées partielles par la différentiation. Mais, d'un autre côté, on est obligé, pour ne pas tomber dans des longueurs inextricables, de ne conserver que ceux des termes qui peuvent devenir sensibles; c'est une élimination délicate, et dans laquelle on peut s'égarer.

On évite ce dernier inconvénient lorsqu'on calcule directement la valeur numérique des coefficients de la fonction perturbatrice par des intégrales doubles. C'est une marche sûre, mais très-pénible, le développement des fonctions dérivées se déduisant alors moins simplement de celui de la fonction R, même en s'aidant des relations que j'indiquerai plus bas comme moyen de vérification.

14. Lorsqu'on réduit R en série par la voie des développements algébriques, on fait usage des coefficients du développement du radical $(1 + \alpha^2 - 2\alpha\cos\varphi)^{-\frac{s}{2}}$, suivant les cosinus des multiples entiers de l'angle φ; et des dérivées de ces coefficients par rapport à α, α exprimant le rapport des grands axes de la planète troublée et de la planète perturbatrice. Déjà, dans mon second Mémoire sur les inégalités séculaires (*Additions* 1844, page 58), j'ai été forcé de renvoyer le lecteur à de nouvelles Tables que j'ai construites pour ces coefficients. J'en vais extraire ce qui concerne la théorie de Mercure, après avoir donné les formules dont il a été fait usage.

15. On peut parvenir de plusieurs manières à la détermination des coefficients $b_s^{(i)}$ du développement du radical $(1+\alpha^2-2\alpha\cos\varphi)^{-s}$: soit au moyen d'intégrales définies simples qui se ramènent aux intégrales elliptiques ; soit en réduisant la valeur de $b_s^{(i)}$ en une série procédant suivant les puissances croissantes de α^2. On trouve, dans le tome III de la *Mécanique céleste*, p. 70, que la valeur de $b_s^{(i)}$ est ainsi

$$b_s^{(i)} = 2\,\frac{s(s+1)(s+2)\ldots(s+i-1)}{1.2.3\ldots i}\,\alpha^i \left\{ \begin{array}{l} 1+\frac{s}{1}\frac{s+i}{i+1}\alpha^2+\frac{s(s+1)}{1.2}\frac{(s+i)(s+i+1)}{(i+1)(i+2)}\alpha^4 \\ +\ldots+\frac{s(s+1)\ldots(s+n-1)}{1.2\ldots n} \\ \qquad\times\frac{(s+i)(s+i+1)\ldots(s+i+n-1)}{(i+1)(i+2)\ldots(i+n)}\alpha^{2n} \\ +\ldots \end{array} \right\}.$$

En différentiant cette série par rapport à α plusieurs fois de suite, et multipliant les résultats par α, α^2,..., on formera d'autres séries pour calculer les valeurs de $\alpha\frac{db_s^{(i)}}{d\alpha}$, $\alpha^2\frac{d^2b_s^{(i)}}{d\alpha^2}$, $\alpha^3\frac{d^3b_s^{(i)}}{d\alpha^3}$,.... Ces expressions sont celles qui se présentent dans le calcul des inégalités, soit périodiques, soit séculaires.

Toutes ces séries sont convergentes, et si leurs termes décroissaient assez rapidement, elles seraient aisément réductibles en nombres. Comme cette condition n'est pas remplie au même degré, suivant la valeur qu'on attribue à s, nous examinerons d'abord le cas où l'on suppose $s=\frac{1}{2}$; nous occupant ainsi du calcul des coefficients $b_{\frac{1}{2}}^{(0)}$, $b_{\frac{1}{2}}^{(1)}$,..., $b_{\frac{1}{2}}^{(i)}$, et de celui de leurs dérivées prises par rapport à α.

16. Les coefficients de la série qui donne $b_{\frac{1}{2}}^{(i)}$ vont en décroissant. α est une fraction dont la valeur est au plus égale à 0,723 (théorie de Vénus et de la Terre). Par ce double motif, les valeurs numériques des termes de la série $b_{\frac{1}{2}}^{(i)}$ vont toujours en décroissant assez rapidement pour que son emploi donne aisément l'exactitude dont on a besoin. Mais il en est tout autrement dans les séries qui fournissent $\alpha\frac{db_{\frac{1}{2}}^{(i)}}{d\alpha}$, $\alpha^2\frac{d^2b_{\frac{1}{2}}^{(i)}}{d\alpha^2}$,.... Les différentiations font que leurs coefficients vont en grandissant énormément; et il devient impossible de les employer directement, à moins que α ne soit une très-petite quantité.

Lorsque α n'est pas très-petit, Laplace suppose qu'après avoir déterminé directement les quantités $b_{\frac{1}{2}}^{(0)}$ et $b_{\frac{1}{2}}^{(1)}$, on en déduise celles qui répondent à des indices plus élevés par la formule

$$b_{\frac{1}{2}}^{(i+1)}=\frac{i}{i+\frac{1}{2}}\left(\alpha+\frac{1}{\alpha}\right)b_{\frac{1}{2}}^{(i)}-\frac{i-\frac{1}{2}}{i+\frac{1}{2}}b_{\frac{1}{2}}^{(i-1)}.$$

Il donne ensuite, pour calculer les dérivées du premier ordre, la relation

$$\alpha\frac{db_{\frac{1}{2}}^{(i)}}{d\alpha}=\frac{i+(i+1)\alpha^2}{1-\alpha^2}b_{\frac{1}{2}}^{(i)}-\frac{(2i+1)\alpha}{1-\alpha^2}b_{\frac{1}{2}}^{(i+1)};$$

et, en différentiant cette équation, on passe aux dérivées des ordres supérieurs. Mais cette méthode est sujette à de graves difficultés qui n'échappèrent pas à Legendre; et il se proposa d'y remédier dans un travail remarquable par l'élégance des formules qui servent à déterminer les dérivées des divers ordres. (*Voir* le *Traité des fonctions elliptiques*, tome II, page 531.)

17. Les deux premières formules de Legendre, pour le cas où s est fractionnaire, se réduisent à la série (**13**), quand $s=\frac{1}{2}$. Cet illustre géomètre en déduit ensuite, par la méthode des coefficients indéterminés, la série suivante, procédant suivant les puissances de $\beta^2=\frac{\alpha^2}{1-\alpha^2}$, s étant d'ailleurs quelconque :

$$b_s^{(i)}=2.\frac{s(s+1)\ldots(s+i-1)\alpha^i}{1.2\ldots i(1-\alpha^2)^s}\left\{\begin{array}{l}+\frac{s-1}{1}.\frac{s}{i+1}\beta^2\\+\frac{(s-1)(s-2)}{1.2}.\frac{s(s+1)}{(i+1)(i+2)}\beta^4\\+\ldots\end{array}\right\}.$$

Cette série, ainsi que le remarque l'auteur, n'est propre au calcul de la quantité $b_s^{(i)}$ que lorsque l'indice (i) est considérable; et elle ne saurait seule donner les coefficients les plus importants, ceux qui répondent aux plus petites valeurs de l'indice (i). Aussi, lorsque α n'est pas très-petit, et qu'on ne veut recourir ni aux quadratures, ni aux fonctions elliptiques, Legendre n'indique aucun autre procédé, sinon de calculer deux coefficients correspondants à des indices très-élevés par cette formule, puis d'en déduire les coefficients précédents par une formule analogue à la première équation (**16**).

Mais cette marche elle-même est sujette à un grave inconvénient. Les coefficients $b_s^{(i)}$ vont en diminuant en valeur absolue, à mesure que l'indice (i) augmente; il est cependant nécessaire de les obtenir avec autant de figures qu'on en veut conserver dans $b_s^{(0)}$ et $b_s^{(1)}$; et, par là, on est conduit à déterminer la plupart des coefficients avec une exactitude bien supérieure à celle qu'ils réclament isolément. On retombe donc, à quelques égards, dans l'inconvénient qu'on voulait éviter. Car, en donnant à $b_s^{(0)}$ et $b_s^{(1)}$ plus d'exactitude qu'ils n'en demandent eux-mêmes, on pourrait les employer au calcul des coefficients d'indice supérieur.

Le calcul des coefficients $b_s^{(i)}$ est donc peu simplifié par les formules de Legendre. Le calcul de leurs dérivées, prises par rapport à α, est, au contraire, devenu aussi élégant et aussi symétrique qu'on puisse le désirer, par les formules qu'il développe dans le § IV de ses *Recherches*. Ces formules supposent toutefois qu'avant de calculer une dérivée d'un certain ordre, on ait, au préalable, déterminé les dérivées des ordres précédents pour plusieurs valeurs de l'indice (i). Or, j'ai reconnu qu'on peut employer exclusivement la série (**15**) au calcul *direct* de celui des coefficients $b_s^{(i)}$ qu'on veut obtenir; et que les séries qu'on en déduit par la différentiation, par rapport à α, peuvent donner aussi *directement,* avec une grande rapidité, les valeurs des diverses dérivées de ce coefficient. Chacune des quantités à calculer est ainsi déterminée indépendamment des autres. Les relations connues, telles que les équations (**16**), qui existent entre ces quantités, ne sont plus alors que des équations de condition qui servent de vérifications. Et il est essentiel de remarquer que ces conditions ne vérifieront qu'imparfaitement les coefficients qui s'y trouvent affectés des indices de rang et de dérivation les plus élevés. Aussi ne peuvent-elles servir à les calculer.

18. On obtient aisément les avantages que je viens d'indiquer en changeant la série (**15**) et ses dérivées en d'autres séries ordonnées complétement, ou seulement dans une partie de leur cours, par rapport aux puissances de β^2, comme la série (**17**) de Legendre. M. Poncelet a fait l'emploi le plus avantageux de cette transformation, dans un travail lu à l'Académie des Sciences, en 1833, sur le calcul numérique des séries, et la détermination des limites de leur reste. Le savant auteur de ces recherches n'en a indiqué aucune application au cas où tous les termes d'une série sont positifs, comme cela a lieu dans la série (**15**). Il en existe une importante pour la Mécanique céleste.

19. Considérons une série procédant suivant les puissances ascendantes du carré d'une variable α plus petite que l'unité; et soit

$$f(\alpha) = \alpha^i(A_0 + A_1\alpha^2 + A_2\alpha^4 + A_3\alpha^6 + \ldots + A_n\alpha^{2n} + \ldots).$$

On peut l'écrire identiquement sous la forme suivante

$$\begin{aligned} f(\alpha) = {} & A_0\,\alpha^i(1 + \alpha^2 + \alpha^4 + \ldots) \\ & + (A_1 - A_0)\alpha^i(\alpha^2 + \alpha^4 + \alpha^6 + \ldots) \\ & + (A_2 - A_1)\alpha^i(\alpha^4 + \alpha^6 + \alpha^8 + \ldots) \\ & + (A_3 - A_2)\alpha^i(\alpha^6 + \alpha^8 + \alpha^{10} + \ldots) \\ & + \ldots \end{aligned}$$

dont la loi est évidente, et qu'on vérifiera en développant les produits dans le second membre. Cette expression donnera, en sommant les progressions géométriques qui s'y trouvent,

$$f(\alpha) = \frac{A_0\alpha^i}{1-\alpha^2} + \frac{\alpha^{i+2}}{1-\alpha^2}[(A_1 - A_0) + (A_2 - A_1)\alpha^2 + (A_3 - A_2)\alpha^4 + \ldots].$$

Posons, pour simplifier l'écriture,

$$\frac{\alpha^2}{1-\alpha^2} = \beta^2,$$

$$\begin{array}{l|l|l} A_1 - A_0 = \delta A_0 & \delta A_1 - \delta A_0 = \delta^2 A_0 & \delta^2 A_1 - \delta^2 A_0 = \delta^3 A_0 \\ A_2 - A_1 = \delta A_1 & \delta A_2 - \delta A_1 = \delta^2 A_1 & \delta^2 A_2 - \delta^2 A_1 = \delta^3 A_1 \\ A_3 - A_2 = \delta A_2 & \delta A_3 - \delta A_2 = \delta^2 A_2 & \text{etc.} \\ A_4 - A_3 = \delta A_3 & \text{etc.} & \\ \text{etc.} & & \end{array}$$

et ainsi, la valeur de $f(\alpha)$ deviendra

$$f(\alpha) = A_0\alpha^{i-2}\beta^2 + \alpha^i\beta^2(\delta A_0 + \delta A_1\alpha^2 + \delta A_2\alpha^4 + \delta A_3\alpha^6 + \ldots).$$

Nous pouvons actuellement faire subir à la quantité entre parenthèses, qui se trouve dans le second membre, la même transformation que nous venons d'opérer sur la série proposée; nous trouverons

$$\begin{aligned} & \alpha^i(\delta A_0 + \delta A_1\alpha^2 + \delta A_2\alpha^4 + \delta A_3\alpha^6 + \ldots) \\ & \quad = \delta A_0\alpha^{i-2}\beta^2 + \alpha^i\beta^2(\delta^2 A_0 + \delta^2 A_1\alpha^2 + \delta^2 A_2\alpha^4 + \delta^2 A_3\alpha^6 + \ldots). \end{aligned}$$

Nous obtiendrions semblablement

$$\alpha^i(\partial^2 A_0 + \partial^2 A_1 \alpha^2 + \partial^2 A_2 \alpha^4 + \partial^2 A_3 \alpha^6 + \ldots)$$
$$= \partial^2 A_0 \alpha^{i-2}\beta^2 + \alpha^i\beta^2(\partial^3 A_0 + \partial^3 A_1 \alpha^2 + \partial^3 A_2 \alpha^4 + \partial^3 A_3 \alpha^6 + \ldots,$$

et ainsi de suite.

Au moyen de ces expressions, et des analogues qui s'en déduiraient, en augmentant l'indice des différences d'une ou de plusieurs unités, on peut obtenir la valeur de $f(\alpha)$ en série, sous une infinité de formes dont la loi se trace nettement dans les suivantes :

$$f(\alpha) = \alpha^i(A_0 + A_1\alpha^2 + A_2\alpha^4 + A_3\alpha^6 + \ldots + A_n\alpha^{2n} + \ldots),$$

$$f(\alpha) = A_0\alpha^{i-2}\beta^2 + \alpha^i\beta^2(\partial A_0 + \partial A_1\alpha^2 + \partial A_2\alpha^4 + \partial A_3\alpha^6 + \ldots + \partial A_n\alpha^{2n} + \ldots),$$

$$f(\alpha) = A_0\alpha^{i-2}\beta^2 + \partial A_0\alpha^{i-2}\beta^4 + \alpha^i\beta^4(\partial^2 A_0 + \partial^2 A_1\alpha^2 + \partial^2 A_2\alpha^4 + \ldots + \partial^2 A_n\alpha^{2n} + \ldots).$$

$$f(\alpha) = A_0\alpha^{i-2}\beta^2 + \partial A_0\alpha^{i-2}\beta^4 + \partial^2 A_0\alpha^{i-2}\beta^6$$
$$+ \alpha^i\beta^6(\partial^3 A_0 + \partial^3 A_1\alpha^2 + \partial^3 A_2\alpha^4 + \ldots + \partial^3 A_n\alpha^{2n} + \ldots),$$

etc., etc.

La dernière de ces expressions, celle qui resulterait d'une infinité de transformations telles que nous venons de les indiquer, serait

$$f(\alpha) = \alpha^{i-2}\beta^2(A_0 + \partial A_0\beta^2 + \partial^2 A_0\beta^4 + \partial^3 A_0\beta^6 + \ldots + \partial^n A_0\beta^{2n} \ldots).$$

Dans chaque cas particulier on adoptera celle de ces series dont les coefficients décroîtront avec le plus de rapidité. Rarement ce sera la dernière, procédant suivant les puissances de β^2, qu'il faudra conserver. Appliquons les formules précédentes au calcul des coefficients $b_s^{(i)}$, et de leurs dérivées, en commençant par le cas où $s = \frac{1}{2}$.

20. Je remarquerai d'abord que la série qui donne $b_{\frac{1}{2}}^{(i)}$ n'a, à la rigueur, besoin d'aucune transformation : elle est calculable immédiatement. Laplace ramène, il est vrai, le calcul de $b_{\frac{1}{2}}^{(0)}$ et $b_{\frac{1}{2}}^{(1)}$ à celui de $b_{-\frac{1}{2}}^{(0)}$ et $b_{-\frac{1}{2}}^{(1)}$; mais il avait certainement en vue la grande exactitude qu'il fallait donner à celles des quantités qui devaient servir de base aux autres. Cette exactitude devient inutile quand chaque nombre se calcule isolément ; il n'est alors besoin de lui donner que l'approximation qui lui convient spécialement. On pourrait, toutefois, appliquer à la série qui donne $b_{\frac{1}{2}}^{(i)}$, et ses dérivées, les transformations ci-dessus ; on trouverait des séries plus convergentes que la série (15), et ainsi plus propres aux réductions en nombres.

Lorsqu'on fait subir les transformations indiquées par les formules (19) aux expressions en séries de $\alpha \frac{db_{\frac{1}{2}}^{(i)}}{d\alpha}$, $\alpha^2 \frac{d^2 b_{\frac{1}{2}}^{(i)}}{d\alpha^2}$, $\alpha^3 \frac{d^3 b_{\frac{1}{2}}^{(i)}}{d\alpha^3}$,..., on reconnaît que les premières différences des coefficients de la série $\alpha \frac{db_{\frac{1}{2}}^{(i)}}{d\alpha}$ sont très-petites ; que les secondes différences des coefficients de la série $\alpha^2 \frac{d^2 b_{\frac{1}{2}}^{(i)}}{d\alpha^2}$ sont aussi très-petites, et qu'en général le coefficient $\alpha^n \frac{d^n b_{\frac{1}{2}}^{(i)}}{d\alpha^n}$ sera donné avec une grande rapidité par celle des séries qui dépend des différences de l'ordre n, prises entre les coefficients de la série primitive. Mais, soit qu'on veuille exécuter ces transformations sous forme algébrique, soit qu'on veuille les effectuer sur les séries numériques elles-mêmes pour la réduction en nombres, on simplifiera beaucoup les calculs par cette considération qu'il se trouve six séries à calculer, dérivant l'une de l'autre par la différentiation. Il ne faudra guère plus d'opérations, en effet, pour former ces séries simultanément, qu'il ne serait nécessaire d'en effectuer pour obtenir à part la série correspondante au dernier coefficient $\alpha^5 \frac{d^5 b_{\frac{1}{2}}^{(i)}}{d\alpha^5}$.

21. Posons

$$b_{\frac{1}{2}}^{(i)} = A_0\alpha^i + A_1\alpha^{i+2} + A_2\alpha^{i+4} + \ldots + A_n\alpha^{i+2n} + \ldots,$$

$$\alpha \frac{db_{\frac{1}{2}}^{(i)}}{d\alpha} = B_0\alpha^i + B_1\alpha^{i+2} + B_2\alpha^{i+4} + \ldots + B_n\alpha^{i+2n} + \ldots,$$

$$\alpha^2 \frac{d^2 b_{\frac{1}{2}}^{(i)}}{d\alpha^2} = C_0\alpha^i + C_1\alpha^{i+2} + C_2\alpha^{i+4} + \ldots + C_n\alpha^{i+2n} + \ldots,$$

$$\alpha^3 \frac{d^3 b_{\frac{1}{2}}^{(i)}}{d\alpha^3} = D_0\alpha^i + D_1\alpha^{i+2} + D_2\alpha^{i+4} + \ldots + D_n\alpha^{i+2n} + \ldots,$$

$$\alpha^4 \frac{d^4 b_{\frac{1}{2}}^{(i)}}{d\alpha^4} = E_0\alpha^i + E_1\alpha^{i+2} + E_2\alpha^{i+4} + \ldots + E_n\alpha^{i+2n} + \ldots,$$

$$\alpha^5 \frac{d^5 b_{\frac{1}{2}}^{(i)}}{d\alpha^5} = F_0\alpha^i + F_1\alpha^{i+2} + F_2\alpha^{i+4} + \ldots + F_n\alpha^{i+2n} + \ldots.$$

Les valeurs numériques de A_0, A_1, A_2, . . . sont connues; et en les multipliant par des nombres entiers fort simples, on en déduit les valeurs de B_0, B_1, B_2, . . ., C_0, C_1, C_2, ... Les séries par lesquelles il faudra remplacer celles que nous venons d'écrire, sont, d'après ce que nous avons expliqué plus haut,

$$b_{\frac{1}{2}}^{(i)} = \alpha^i(A_0 + A_1\alpha^2 + A_2\alpha^4 + \ldots + A_n\alpha^{2n} + \ldots),$$

$$\alpha\,\frac{db_{\frac{1}{2}}^{(i)}}{d\alpha} = B_0\alpha^{i-2}\beta^2 + \alpha^i\beta^2(\delta B_0 + \delta B_1\alpha^2 + \delta B_2\alpha^4 + \ldots + \delta B_n\alpha^{2n} + \ldots),$$

$$\alpha^2\frac{d^2b_{\frac{1}{2}}^{(i)}}{d\alpha^2} = \alpha^{i-2}(C_0\beta^2 + \delta C_0\beta^4) + \alpha^i\beta^4(\delta^2C_0 + \delta^2C_1\alpha^2 + \ldots + \delta^2C_n\alpha^{2n} + \ldots),$$

$$\alpha^3\frac{d^3b_{\frac{1}{2}}^{(i)}}{d\alpha^3} = \alpha^{i-2}(D_0\beta^2 + \delta D_0\beta^4 + \delta^2D_0\beta^6) + \alpha^i\beta^6(\delta^3D_0 + \delta^3D_1\alpha^2 + \ldots + \delta^3D_n\alpha^{2n} + \ldots,$$

$$\alpha^4\frac{d^4b_{\frac{1}{2}}^{(i)}}{d\alpha^4} = \alpha^{i-2}(E_0\beta^2 + \delta E_0\beta^4 + \delta^2E_0\beta^6 + \delta^3E_0\beta^8)$$
$$+ \alpha^i\beta^8(\delta^4E_0 + \delta^4E_1\alpha^2 + \ldots + \delta^4E_n\alpha^{2n} + \ldots),$$

$$\alpha^5\frac{d^5b_{\frac{1}{2}}^{(i)}}{d\alpha^5} = \alpha^{i-2}(F_0\beta^2 + \delta F_0\beta^4 + \delta^2F_0\beta^6 + \delta^3F_0\beta^8 + \delta^4F_0\beta^{10})$$
$$+ \alpha^i\beta^{10}(\delta^5F_0 + \delta^5F_1\alpha^2 + \ldots + \delta^5F_n\alpha^{2n} + \ldots).$$

Si les séries primitives étaient formées, on en déduirait les suivantes par des calculs qui se compliqueraient un peu pour les dérivées des ordres supérieurs. On n'aurait à former qu'une seule différence des coefficients B_0, B_1,.... Mais il faudrait en calculer deux des coefficients C_0, C_1,..., trois des coefficients D_0, D_1,..., et ainsi de suite. On peut éviter cette multiplicité des opérations, et obtenir immédiatement, avec simplicité, les coefficients mêmes des séries sans passer par les calculs que nous venons d'indiquer, et en n'employant que les valeurs numériques des coefficients de la première des séries. On fera usage des formules suivantes qu'on retrouvera aisément en ayant recours aux rapports qui existent entre les coefficients A, B, C, D, E, F : *dans ces formules, chaque résultat est un des coefficients cherchés;* en sorte qu'on n'en pourrait trouver de plus simples :

1°.

$$
\begin{aligned}
B_0 &= iA_0,\\
\delta B_0 &= (i+2)A_1 - iA_0,\\
\delta B_1 &= (i+4)A_2 - (i+2)A_1,\\
\delta B_2 &= (i+6)A_3 - (i+4)A_2,\\
&\cdots\cdots\cdots\cdots\\
\delta B_n &= (i+2n+2)A_{n+1} - (i+2n)A_n;
\end{aligned}
$$

2°.

$$
\begin{aligned}
C_0 &= (i-1)B_0,\\
\delta C_0 &= (i+1)\delta B_0 + 2B_0,\\
\delta^2 C_0 &= (i+3)\delta B_1 - (i-1)\delta B_0,\\
\delta^2 C_1 &= (i+5)\delta B_2 - (i+1)\delta B_1,\\
&\cdots\cdots\cdots\cdots\\
\delta^2 C_n &= (i+2n+3)\delta B_{n+1} - (i+2n-1)\delta B_n;
\end{aligned}
$$

3°.

$$
\begin{aligned}
D_0 &= (i-2)C_0,\\
\delta D_0 &= i\delta C_0 + 2C_0,\\
\delta^2 D_0 &= (i+2)\delta^2 C_0 + 4\delta C_0,\\
\delta^3 D_0 &= (i+4)\delta^2 C_1 - (i-2)\delta^2 C_0,\\
\delta^3 D_1 &= (i+6)\delta^2 C_2 - i\delta^2 C_1,\\
&\cdots\cdots\cdots\cdots\\
\delta^3 D_n &= (i+2n+4)\delta^2 C_{n+1} - (i+2n-2)\delta^2 C_n,
\end{aligned}
$$

etc., etc.

La loi de ces formules est assez évidente pour que nous puissions nous dispenser d'écrire les suivantes.

22. On remarquera sans doute que, dans la formation des différences, il se trouve des multiplicateurs qui s'élèvent de plus en plus à mesure qu'on prend un plus grand nombre de termes de la série. Il est essentiel de faire voir qu'il n'en résulte pas ici des inconvénients analogues à ceux que nous avons signalés dans l'emploi des formules (**16**), et de leurs analogues. Cela provient de ce qu'en réalité on n'aura besoin que d'un petit nombre des premiers termes des séries, et de ce que ces termes peuvent se calculer avec toute l'exactitude désirable, sans difficulté. On en demeurera convaincu à la seule inspection des formules suivantes, qui feront d'ailleurs, mieux que toute discussion, apprécier l'avantage qu'il y aura à les employer.

J'ai trouvé

$$\alpha^2 \frac{d^2 b^{(1)}_{\frac{1}{2}}}{d\alpha^2} = 2{,}25000\,\alpha\beta^3$$
$$+\,\alpha\beta^5\left[\begin{array}{l}2{,}43750 + 0{,}05273\,\alpha^2 + 0{,}02197\,\alpha^4 + 0{,}01121\,\alpha^6 \\ \qquad + 0{,}0065\,\alpha^8 + 0{,}0041\,\alpha^{10} + \ldots\ldots\end{array}\right].$$

$$\alpha^3 \frac{d^3 b^{(1)}_{\frac{1}{2}}}{d\alpha^3} = 2{,}250\,\alpha\beta^2 + 11{,}812\,\alpha\beta^4$$
$$+\,\alpha\beta^6(10{,}014 + 0{,}101\,\alpha^2 + 0{,}035\,\alpha^4 + 0{,}015\,\alpha^6 + \ldots\ldots,$$

$$\alpha^4 \frac{d^4 b^{(1)}_{\frac{1}{2}}}{d\alpha^4} = 28{,}12\,\alpha^3\beta^2 + 115{,}43\,\alpha^4\beta^4 + 147{,}99\,\alpha^4\beta^6$$
$$+\,\alpha^4\beta^8(60{,}97 + 0{,}08\,\alpha^2 + \ldots\ldots).$$

Ces formules, même dans la théorie de Vénus et de la Terre, pour laquelle $\alpha = 0{,}723\,332$, font connaître cinq chiffres des coefficients qu'elles représentent : ce qui est plus que suffisant. On trouvera en particulier, pour cette théorie :

$$\alpha^4 \frac{d^4 b^{(1)}_{\frac{1}{2}}}{d\alpha^4} = 171{,}78,$$

au moyen des cinq premiers termes de la troisième des séries précédentes. Et ainsi l'on obtient en quelques instants ce coefficient, sans passer par les dérivées des ordres inférieurs.

23. Les formules (**21**), propres à la transformation rapide des séries numériques, sont également commodes pour leur transformation sous forme algébrique. Considérons, pour en donner quelques exemples, la série qui fournit $b^{(0)}_{\frac{1}{2}}$ et ses dérivées, et qui est

$$b^{(0)}_{\frac{1}{2}} = 2 + 2\left(\frac{1}{2}\right)^2\alpha^2 + 2\left(\frac{1}{2}\cdot\frac{3}{4}\right)^2\alpha^4 + 2\left(\frac{1}{2}\cdot\frac{3}{4}\cdot\frac{5}{6}\right)^2\alpha^6 + \ldots\ldots$$
$$+\,2\left(\frac{1}{2}\cdot\frac{3}{4}\cdot\frac{5}{6}\cdots\cdots\frac{2n-1}{2n}\right)^2\alpha^{2n} + \ldots\ldots$$

On a, conformément à la notation ci-dessus :

$$A_n = 2\left(\frac{1}{2}\cdot\frac{3}{4}\cdot\frac{5}{6}\cdot\quad\ldots\frac{2n-1}{2n}\right)^2,$$

et on en déduit par l'emploi des formules (**21**), et par des calculs que je ne développerai pas :

$$\delta B_n = A_n \times \frac{1}{2(n+1)},$$

$$\delta^2 C_n = \delta B_n \times \frac{10n+11}{4(n+1)(n+2)},$$

etc.

Les séries transformées, et très-convergentes, qui feront connaître $b_{\frac{1}{2}}^{(0)}$, $\alpha\frac{db_{\frac{1}{2}}^{(0)}}{d\alpha}$, ..., seront ainsi

$$b_{\frac{1}{2}}^{(0)} = 2\left[1 + \sum_1^\infty\left(\frac{1}{2}\cdot\frac{3}{4}\cdots\frac{2n-1}{2n}\right)\alpha^{2n}\right],$$

$$\alpha\frac{db_{\frac{1}{2}}^{(0)}}{d\alpha} = \beta^2\left[1 + \sum_1^\infty A_n \times \frac{1}{2(n+1)}\alpha^{2n}\right],$$

$$\alpha^2\frac{d^2 b_{\frac{1}{2}}^{(0)}}{d\alpha^2} = \beta^4\left[\frac{1}{\alpha^2} + \frac{11}{8} + \sum_1^\infty \delta B_n \times \frac{10n+11}{4(n+1)(n+2)}\alpha^{2n}\right],$$

etc., etc.,

le signe $\sum_1^\infty$ indiquant qu'il faut prendre la somme des valeurs qu'affectent les expressions qu'il précède, lorsque n passe par toutes les valeurs entières et positives, depuis 1 jusqu'à ∞.

On voit d'abord que le calcul de ces séries sera des plus simples. Les coefficients de la seconde se déduiront de ceux de la première, en les multipliant par $\frac{1}{2(n+1)}$. Les coefficients de la troisième se tireront de ceux de la seconde, en les multipliant par $\frac{10n+11}{4(n+1)(n+2)}$. En outre, elles seront de plus en plus convergentes ; car les facteurs par lesquels on passe des coefficients de l'une à ceux de la suivante, sont des fractions qui deviennent d'autant plus petites qu'on considère plus de termes.

24. On pourrait encore se proposer de transformer les séries en y laissant indéterminé l'indice i. Ainsi, en remarquant que, dans ce cas,

$$A_n = 2\frac{1.3\ldots(2i-1)}{2.4\ldots 2i} \times \frac{1.3\ldots 2n-1}{2.4\ldots 2n} \times \frac{(2i+1)(2i+3)\ldots(2i+2n-1)}{(2i+2)(2i+4)\ldots(2i+2n)},$$

on trouverait

$$\alpha\frac{db^{(i)}_{\frac{1}{2}}}{d\alpha} = \alpha^{i-2}\beta^2\left[\frac{3.5\ldots(2i-1)}{4.6\ldots 2i} + \frac{1}{4}\sum_1^{\infty} A_n \frac{2n-2i^2+i+2}{(n+1)(i+n+1)}\alpha^{2n}\right].$$

Mais nous ne multiplierons pas davantage les exemples de ces transformations algébriques, parce que les formules (**21**) peuvent suffire à toutes les déterminations numériques.

Le mode de calcul que je viens d'exposer est plus expéditif qu'aucun autre; il est plus exact, et il réduit la théorie analytique du développement du radical $(1+\alpha^2-2\alpha\cos\varphi)^{-\frac{1}{2}}$ à fort peu de chose, à la simple détermination de la série (**15**), qui donne $b^{(i)}_{\frac{1}{2}}$. De plus, chaque nombre se trouvant calculé indépendamment des précédents, les relations, telles que les relations (**16**), sont des vérifications qui ne laissent pas de prise aux chances d'erreur.

25. Le calcul des coefficients, dans l'hypothèse de $s=\frac{3}{2}$, s'effectuera par les mêmes moyens, avec une légère modification. La série primitive qui donne $b^{(i)}_{\frac{3}{2}}$ devra être transformée dans celle qui dépend des différences premières de ses coefficients. La série qui donne $\alpha\frac{db^{(i)}_{\frac{3}{2}}}{d\alpha}$ devra être ramenée à celle qui dépend des différences deuxièmes de ses coefficients, ainsi de suite. On trouvera, par exemple,

$$b^{(0)}_{\frac{3}{2}} = 2+4{,}5000\beta^2+\beta^4(2{,}5312+0{,}0078\alpha^2+0{,}0030\alpha^4+0{,}0015\alpha^6+\ldots),$$

$$\alpha\frac{db^{(0)}_{\frac{3}{2}}}{d\alpha} = 9{,}000\beta^2+19{,}125\beta^4+\beta^6(10{,}172+0{,}009\alpha^2+0{,}003\alpha^4+\ldots)$$

$$\alpha^2\frac{d^2b^{(0)}_{\frac{3}{2}}}{d\alpha^2} = 9{,}00\beta^2+75{,}37\beta^4+127{,}36\beta^6+\beta^8(61{,}09+0{,}02\alpha^2+\ldots).$$

26. Il me reste à présenter les nombres que j'ai déduits de ces formules pour les différents coefficients dont on a besoin dans la théorie des perturbations de Mercure, par les six autres planètes principales. Ces nombres sont uniquement fonctions des rapports des grands axes des orbites.

Dans le calcul des demi-grands axes, pour les perturbations, la *Mécanique céleste* néglige la petite correction due aux masses des planètes (Livre VI, § 20). Comme il n'en résulte nulle part aucune simplification, et que pour les demi-grands axes de Jupiter et de Saturne cette correction est assez sensible, j'en ai tenu compte dans mes Tables. Il faudra seulement se rappeler, en les employant, que la somme des masses du Soleil et de la planète troublée qui entre en dénominateur dans les formules des perturbations, doit être rapportée à la masse du Soleil prise pour unité.

Voici les masses que j'ai admises :

Mercure. . . . . . $m = \frac{1}{3\,000\,000}$,

Vénus. . . . . . . $m' = \frac{1}{401\,847}$,

La Terre. . . . . . $m'' = \frac{1}{354\,936}$,

Mars. . . . . $m''' = \frac{1}{2\,680\,637}$,

Jupiter. . . . . . . $m^{\text{IV}} = \frac{1}{1\,050}$,

Saturne. . . . . . $m^{\text{V}} = \frac{1}{3\,512}$.

Uranus. . . . . . . $m^{\text{VI}} = \frac{1}{17\,918}$.

Demi-grands axes des orbites :

Mercure. . . . . . $a = 0,387\,098\,7$,

Vénus. . . . . . . $a' = 0,723\,332\,2$,

La Terre. . . . . . $a'' = 1,000\,000\,0$,

Mars. . . . . $a''' = 1,523\,691\,4$,

Jupiter. . . . . . . $a^{\text{IV}} = 5,202\,798$,

Saturne. . . . . . $a^{\text{V}} = 9,538\,852$,

Uranus. . . . . . . $a^{\text{VI}} = 19,182\,729$.

27. *Mercure et Vénus.*

$\text{Log}\,\alpha = 9{,}728.4839,$

$b_{\frac{1}{2}}^{(0)} = 2{,}172.169,\quad \alpha\,\dfrac{db_{\frac{1}{2}}^{(0)}}{d\alpha} = 0{,}417.530,\quad \alpha^2\,\dfrac{d^2b_{\frac{1}{2}}^{(0)}}{d\alpha^2} = 0{,}789.387,$

$\alpha^3\,\dfrac{d^3b_{\frac{1}{2}}^{(0)}}{d\alpha^3} = 1{,}733.243,\quad \alpha^4\,\dfrac{d^4b_{\frac{1}{2}}^{(0)}}{d\alpha^4} = 6{,}333.961;$

$b_{\frac{1}{2}}^{(1)} = 0{,}605.709,\quad \alpha\,\dfrac{db_{\frac{1}{2}}^{(1)}}{d\alpha} = 0{,}780.196,\quad \alpha^2\,\dfrac{d^2b_{\frac{1}{2}}^{(1)}}{d\alpha^2} = 0{,}694.852,$

$\alpha^3\,\dfrac{d^3b_{\frac{1}{2}}^{(1)}}{d\alpha^3} = 1{,}849.031,\quad \alpha^4\,\dfrac{d^4b_{\frac{1}{2}}^{(1)}}{d\alpha^4} = 6{,}288.539;$

$b_{\frac{1}{2}}^{(2)} = 0{,}246.595,\quad \alpha\,\dfrac{db_{\frac{1}{2}}^{(2)}}{d\alpha} = 0{,}572.642,\quad \alpha^2\,\dfrac{d^2b_{\frac{1}{2}}^{(2)}}{d\alpha^2} = 0{,}972.354,$

$\alpha^3\,\dfrac{d^3b_{\frac{1}{2}}^{(2)}}{d\alpha^3} = 1{,}836.436,\quad \alpha^4\,\dfrac{d^4b_{\frac{1}{2}}^{(2)}}{d\alpha^4} = 6{,}561.710;$

$b_{\frac{1}{2}}^{(3)} = 0{,}110.779,\quad \alpha\,\dfrac{db_{\frac{1}{2}}^{(3)}}{d\alpha} = 0{,}370.021,\quad \alpha^2\,\dfrac{d^2b_{\frac{1}{2}}^{(3)}}{d\alpha^2} = 0{,}968.460,$

$\alpha^3\,\dfrac{d^3b_{\frac{1}{2}}^{(3)}}{d\alpha^3} = 2{,}234.684,\quad \alpha^4\,\dfrac{d^4b_{\frac{1}{2}}^{(3)}}{d\alpha^4} = 6{,}754.032;$

$b_{\frac{1}{2}}^{(4)} = 0{,}052.106,\quad \alpha\,\dfrac{db_{\frac{1}{2}}^{(4)}}{d\alpha} = 0{,}226.734,\quad \alpha^2\,\dfrac{d^2b_{\frac{1}{2}}^{(4)}}{d\alpha^2} = 0{,}809.875,$

$\alpha^3\,\dfrac{d^3b_{\frac{1}{2}}^{(4)}}{d\alpha^3} = 2{,}463.124,\quad \alpha^4\,\dfrac{d^4b_{\frac{1}{2}}^{(4)}}{d\alpha^4} = 7{,}660.829;$

$b_{\frac{1}{2}}^{(5)} = 0{,}025.17,\quad \alpha\,\dfrac{db_{\frac{1}{2}}^{(5)}}{d\alpha} = 0{,}134.90,\quad \alpha^2\,\dfrac{d^2b_{\frac{1}{2}}^{(5)}}{d\alpha^2} = 0{,}612.80,$

$\alpha^3\,\dfrac{d^3b_{\frac{1}{2}}^{(5)}}{d\alpha^3} = 2{,}385.34,\quad \alpha^4\,\dfrac{d^4b_{\frac{1}{2}}^{(5)}}{d\alpha^4} = 8{,}618.55;$

$b_{\frac{1}{2}}^{(6)} = 0,012.38, \quad \alpha \frac{db_{\frac{1}{2}}^{(6)}}{d\alpha} = 0,078.77, \quad \alpha^2 \frac{d^2 b_{\frac{1}{2}}^{(6)}}{d\alpha^2} = 0,434.95,$

$\alpha^3 \frac{d^3 b_{\frac{1}{2}}^{(6)}}{d\alpha^3} = 2,087.10;$

$b_{\frac{1}{2}}^{(7)} = 0,006.16, \quad \alpha \frac{db_{\frac{1}{2}}^{(7)}}{d\alpha} = 0,045.39, \quad \alpha^2 \frac{d^2 b_{\frac{1}{2}}^{(7)}}{d\alpha^2} = 0,295.36;$

$b_{\frac{1}{2}}^{(8)} = 0,003.09, \quad \alpha \frac{db_{\frac{1}{2}}^{(8)}}{d\alpha} = 0,025.91;$

$b_{\frac{1}{2}}^{(9)} = 0,001.57;$

$b_{\frac{3}{2}}^{(0)} = 4,214.15, \quad \alpha \frac{db_{\frac{3}{2}}^{(0)}}{d\alpha} = 7,350.30, \quad \alpha^2 \frac{d^2 b_{\frac{3}{2}}^{(0)}}{d\alpha^2} = 25,571.14;$

$b_{\frac{3}{2}}^{(1)} = 3,035.44, \quad \alpha \frac{db_{\frac{3}{2}}^{(1)}}{d\alpha} = 7,663.88, \quad \alpha^2 \frac{d^2 b_{\frac{3}{2}}^{(1)}}{d\alpha^2} = 24,790.57;$

$b_{\frac{3}{2}}^{(2)} = 1,950.49, \quad \alpha \frac{db_{\frac{3}{2}}^{(2)}}{d\alpha} = 6,698.20, \quad \alpha^2 \frac{d^2 b_{\frac{3}{2}}^{(2)}}{d\alpha^2} = 24,278.52;$

$b_{\frac{3}{2}}^{(3)} = 1,192.29, \quad \alpha \frac{db_{\frac{3}{2}}^{(3)}}{d\alpha} = 5,226.9, \quad \alpha^2 \frac{d^2 b_{\frac{3}{2}}^{(3)}}{d\alpha^2} = 22,396.8;$

$b_{\frac{3}{2}}^{(4)} = 0,708.48, \quad \alpha \frac{db_{\frac{3}{2}}^{(4)}}{d\alpha} = 3,791.7, \quad \alpha^2 \frac{d^2 b_{\frac{3}{2}}^{(4)}}{d\alpha^2} = 19,233.6;$

$b_{\frac{3}{2}}^{(5)} = 0,413.36, \quad \alpha \frac{db_{\frac{3}{2}}^{(5)}}{d\alpha} = 2,616.4;$

$b_{\frac{3}{2}}^{(6)} = 0,238.10;$

$b_{\frac{5}{2}}^{(0)} = 12,772.27;$

$b_{\frac{5}{2}}^{(2)} = 8,990.94.$

28. *Mercure et la Terre.*

$\mathrm{Log}\,\alpha = 9{,}587.8217,$

$b_{\frac{1}{2}}^{(0)} = 2{,}081.981,\quad \alpha\frac{db_{\frac{1}{2}}^{(0)}}{d\alpha} = 0{,}179.760,\quad \alpha^2\frac{d^2b_{\frac{1}{2}}^{(0)}}{d\alpha^2} = 0{,}250.571,$

$\alpha^3\frac{d^3b_{\frac{1}{2}}^{(0)}}{d\alpha^3} = 0{,}264.267,\quad \alpha^4\frac{d^4b_{\frac{1}{2}}^{(0)}}{d\alpha^4} = 0{,}579.274;$

$b_{\frac{1}{2}}^{(1)} = 0{,}411.140,\quad \alpha\frac{db_{\frac{1}{2}}^{(1)}}{d\alpha} = 0{,}464.376,\quad \alpha^2\frac{d^2b_{\frac{1}{2}}^{(1)}}{d\alpha^2} = 0{,}182.929,$

$\alpha^3\frac{d^3b_{\frac{1}{2}}^{(1)}}{d\alpha^3} = 0{,}316.828,\quad \alpha^4\frac{d^4b_{\frac{1}{2}}^{(1)}}{d\alpha^4} = 0{,}545.967;$

$b_{\frac{1}{2}}^{(2)} = 0{,}120.179,\quad \alpha\frac{db_{\frac{1}{2}}^{(2)}}{d\alpha} = 0{,}257.705,\quad \alpha^2\frac{d^2b_{\frac{1}{2}}^{(2)}}{d\alpha^2} = 0{,}335.038,$

$\alpha^3\frac{d^3b_{\frac{1}{2}}^{(2)}}{d\alpha^3} = 0{,}285.919,\quad \alpha^4\frac{d^4b_{\frac{1}{2}}^{(2)}}{d\alpha^4} = 0{,}612.637;$

$b_{\frac{1}{2}}^{(3)} = 0{,}038.901,\quad \alpha\frac{db_{\frac{1}{2}}^{(3)}}{d\alpha} = 0{,}122.616,\quad \alpha^2\frac{d^2b_{\frac{1}{2}}^{(3)}}{d\alpha^2} = 0{,}277.578,$

$\alpha^3\frac{d^3b_{\frac{1}{2}}^{(3)}}{d\alpha^3} = 0{,}428.698;$

$b_{\frac{1}{2}}^{(4)} = 0{,}013.204,\quad \alpha\frac{db_{\frac{1}{2}}^{(4)}}{d\alpha} = 0{,}054.884,\quad \alpha^2\frac{d^2b_{\frac{1}{2}}^{(4)}}{d\alpha^2} = 0{,}178.054,$

$\alpha^3\frac{d^3b_{\frac{1}{2}}^{(4)}}{d\alpha^3} = 0{,}431.873;$

$b_{\frac{1}{2}}^{(5)} = 0{,}004.61,\quad \alpha\frac{db_{\frac{1}{2}}^{(5)}}{d\alpha} = 0{,}023.77,\quad \alpha^2\frac{d^2b_{\frac{1}{2}}^{(5)}}{d\alpha^2} = 0{,}100.59,$

$b_{\frac{1}{2}}^{(6)} = 0{,}001.64,\quad \alpha\frac{db_{\frac{1}{2}}^{(6)}}{d\alpha} = 0{,}010.08;$

$b_{\frac{1}{2}}^{(7)} = 0,000.59,\qquad \alpha \frac{db_{\frac{1}{2}}^{(7)}}{d\alpha} = 0,004.22;$

$b_{\frac{1}{2}}^{(8)} = 0,000.21;$

$b_{\frac{3}{2}}^{(0)} = 2,871.830,\qquad \alpha \frac{db_{\frac{3}{2}}^{(0)}}{d\alpha} = 2,236.173,\qquad \alpha^2 \frac{d^2 b_{\frac{3}{2}}^{(0)}}{d\alpha^2} = 4,684.28;$

$b_{\frac{3}{2}}^{(1)} = 1,576.058,\qquad \alpha \frac{db_{\frac{3}{2}}^{(1)}}{d\alpha} = 2,624.602,\qquad \alpha^2 \frac{d^2 b_{\frac{3}{2}}^{(1)}}{d\alpha^2} = 4,227.19;$

$b_{\frac{3}{2}}^{(2)} = 0,747.616,\qquad \alpha \frac{db_{\frac{3}{2}}^{(2)}}{d\alpha} = 1,961.096,\qquad \alpha^2 \frac{d^2 b_{\frac{3}{2}}^{(2)}}{d\alpha^2} = 4,289.26;$

$b_{\frac{3}{2}}^{(3)} = 0,334.21,\qquad \alpha \frac{db_{\frac{3}{2}}^{(3)}}{d\alpha} = 1,203.5;$

$b_{\frac{3}{2}}^{(4)} = 0,144.65;$

$b_{\frac{3}{2}}^{(5)} = 0,061.33;$

$b_{\frac{5}{2}}^{(0)} = 5,131.543;$

$b_{\frac{5}{2}}^{(2)} = 2,417.232.$

29. *Mercure et Mars.*

$\text{Log}\, \alpha = 9,404.9247,$

$b_{\frac{1}{2}}^{(0)} = 2,033.498,\qquad \alpha \frac{db_{\frac{1}{2}}^{(0)}}{d\alpha} = 0,069.567,\qquad \alpha^2 \frac{d^2 b_{\frac{1}{2}}^{(0)}}{d\alpha^2} = 0,080.337,$

$\alpha^3 \frac{d^3 b_{\frac{1}{2}}^{(0)}}{d\alpha^3} = 0,035.401,\qquad \alpha^4 \frac{d^4 b_{\frac{1}{2}}^{(0)}}{d\alpha^4} = 0,052.166;$

$b_{\frac{1}{2}}^{(1)} = 0,260.463,\qquad \alpha \frac{db_{\frac{1}{2}}^{(1)}}{d\alpha} = 0,273.828,\qquad \alpha^2 \frac{d^2 b_{\frac{1}{2}}^{(1)}}{d\alpha^2} = 0,042.392,$

$\alpha^3 \frac{d^3 b_{\frac{1}{2}}^{(1)}}{d\alpha^3} = 0,054.562,\qquad \alpha^4 \frac{d^4 b_{\frac{1}{2}}^{(1)}}{d\alpha^4} = 0,041.650;$

$$b_{\frac{1}{2}}^{(2)}=0{,}049.767,\quad \alpha\frac{db_{\frac{1}{2}}^{(2)}}{d\alpha}=0{,}102.375,\quad \alpha^2\frac{d^2b_{\frac{1}{2}}^{(2)}}{d\alpha^2}=0{,}114.253,$$

$$\alpha^3\frac{d^3b_{\frac{1}{2}}^{(2)}}{d\alpha^3}=0{,}038.867,\quad \alpha^4\frac{d^4b_{\frac{1}{2}}^{(2)}}{d\alpha^4}=0{,}056.374;$$

$$b_{\frac{1}{2}}^{(3)}=0{,}010.551,\quad \alpha\frac{db_{\frac{1}{2}}^{(3)}}{d\alpha}=0{,}032.286,\quad \alpha^2\frac{d^2b_{\frac{1}{2}}^{(3)}}{d\alpha^2}=0{,}067.856;$$

$$b_{\frac{1}{2}}^{(4)}=0{,}002.347,\quad \alpha\frac{db_{\frac{1}{2}}^{(4)}}{d\alpha}=0{,}009.535;$$

$$b_{\frac{1}{2}}^{(5)}=0{,}000.54;$$

$$b_{\frac{3}{2}}^{(0)}=2{,}322.536,\quad \alpha\frac{db_{\frac{3}{2}}^{(0)}}{d\alpha}=0{,}715.353,\quad \alpha^2\frac{d^2b_{\frac{3}{2}}^{(0)}}{d\alpha^2}=1{,}023.004;$$

$$b_{\frac{3}{2}}^{(1)}=0{,}863.875,\quad \alpha\frac{db_{\frac{3}{2}}^{(1)}}{d\alpha}=1{,}088.005,\quad \alpha^2\frac{d^2b_{\frac{3}{2}}^{(1)}}{d\alpha^2}=0{,}762.718;$$

$$b_{\frac{3}{2}}^{(2)}=0{,}272.079,\quad \alpha\frac{db_{\frac{3}{2}}^{(2)}}{d\alpha}=0{,}610.135,\quad \alpha^2\frac{d^2b_{\frac{3}{2}}^{(2)}}{d\alpha^2}=0{,}899.714;$$

$$b_{\frac{5}{2}}^{(0)}=2{,}992.588;$$

$$b_{\frac{5}{2}}^{(2)}=0{,}725.672.$$

30. *Mercure et Jupiter.*

$$\text{Log}\,\alpha=8{,}871.5848,$$

$$b_{\frac{1}{2}}^{(0)}=2{,}002.776,\quad \alpha\frac{db_{\frac{1}{2}}^{(0)}}{d\alpha}=0{,}005.570,\quad \alpha^2\frac{d^2b_{\frac{1}{2}}^{(0)}}{d\alpha^2}=0{,}005.640,$$

$$\alpha^3\frac{d^3b_{\frac{1}{2}}^{(0)}}{d\alpha^3}=0{,}000.211,\quad \alpha^4\frac{d^4b_{\frac{1}{2}}^{(0)}}{d\alpha^4}=0{,}000.219;$$

$$b_{\frac{1}{2}}^{(1)} = 0{,}074.557, \quad \alpha \frac{db_{\frac{1}{2}}^{(1)}}{d\alpha} = 0{,}074.868, \quad \alpha^2 \frac{d^2b_{\frac{1}{2}}^{(1)}}{d\alpha^2} = 0{,}000.937,$$

$$\alpha^3 \frac{d^3b_{\frac{1}{2}}^{(1)}}{d\alpha^3} = 0{,}000.959, \quad \alpha^4 \frac{d^4b_{\frac{1}{2}}^{(1)}}{d\alpha^4} = 0{,}000.066;$$

$$b_{\frac{1}{2}}^{(2)} = 0{,}004.161, \quad \alpha \frac{db_{\frac{1}{2}}^{(2)}}{d\alpha} = 0{,}008.342, \quad \alpha^2 \frac{d^2b_{\frac{1}{2}}^{(2)}}{d\alpha^2} = 0{,}008.419,$$

$$\alpha^3 \frac{d^3b_{\frac{1}{2}}^{(2)}}{d\alpha^3} = 0{,}000.234, \quad \alpha^4 \frac{d^4b_{\frac{1}{2}}^{(2)}}{d\alpha^4} = 0{,}000.243;$$

$$b_{\frac{1}{2}}^{(3)} = 0{,}000.258, \quad \alpha \frac{db_{\frac{1}{2}}^{(3)}}{d\alpha} = 0{,}000.775;$$

$$b_{\frac{1}{2}}^{(4)} = 0{,}000.017;$$

$$b_{\frac{3}{2}}^{(0)} = 2{,}025.127, \quad \alpha \frac{db_{\frac{3}{2}}^{(0)}}{d\alpha} = 0{,}050.693, \quad \alpha^2 \frac{d^2b_{\frac{3}{2}}^{(0)}}{d\alpha^2} = 0{,}052.456;$$

$$b_{\frac{3}{2}}^{(1)} = 0{,}225.542, \quad \alpha \frac{db_{\frac{3}{2}}^{(1)}}{d\alpha} = 0{,}230.251, \quad \alpha^2 \frac{d^2b_{\frac{3}{2}}^{(1)}}{d\alpha^2} = 0{,}014.280;$$

$$b_{\frac{3}{2}}^{(2)} = 0{,}020.961, \quad \alpha \frac{db_{\frac{3}{2}}^{(2)}}{d\alpha} = 0{,}042.331, \quad \alpha^2 \frac{d^2b_{\frac{3}{2}}^{(2)}}{d\alpha^2} = 0{,}043.978;$$

$$b_{\frac{5}{2}}^{(0)} = 2{,}070.384;$$

$$b_{\frac{5}{2}}^{(2)} = 0{,}049.456.$$

31. *Mercure et Saturne.*

$$\text{Log}\, \alpha = 8{,}608.3256;$$

$$b_{\frac{1}{2}}^{(0)} = 2{,}000.824, \quad \alpha \frac{db_{\frac{1}{2}}^{(0)}}{d\alpha} = 0{,}001.650, \quad \alpha^2 \frac{d^2b_{\frac{1}{2}}^{(0)}}{d\alpha^2} = 0{,}001.656,$$

$$\alpha^3 \frac{d^3b_{\frac{1}{2}}^{(0)}}{d\alpha^3} = 0{,}000.018, \quad \alpha^4 \frac{d^4b_{\frac{1}{2}}^{(0)}}{d\alpha^4} = 0{,}000.019;$$

$$b_{\frac{1}{2}}^{(1)} = 0{,}040.606, \quad \alpha \frac{db_{\frac{1}{2}}^{(1)}}{d\alpha} = 0{,}040.657, \quad \alpha^2 \frac{d^2b_{\frac{1}{2}}^{(1)}}{d\alpha^2} = 0{,}000.151,$$

$$\alpha^3 \frac{d^3b_{\frac{1}{2}}^{(1)}}{d\alpha^3} = 0{,}000.152, \quad \alpha^4 \frac{d^4b_{\frac{1}{2}}^{(1)}}{d\alpha^4} = 0{,}000.003;$$

$$b_{\frac{1}{2}}^{(2)} = 0{,}001.236, \quad \alpha \frac{db_{\frac{1}{2}}^{(2)}}{d\alpha} = 0{,}002.474, \quad \alpha^2 \frac{d^2b_{\frac{1}{2}}^{(2)}}{d\alpha^2} = 0{,}002.480,$$

$$\alpha^3 \frac{d^3b_{\frac{1}{2}}^{(2)}}{d\alpha^3} = 0{,}000.020, \quad \alpha^4 \frac{d^4b_{\frac{1}{2}}^{(2)}}{d\alpha^4} = 0{,}000.021;$$

$$b_{\frac{1}{2}}^{(3)} = 0{,}000.042, \quad \alpha \frac{db_{\frac{1}{2}}^{(3)}}{d\alpha} = 0{,}000.125;$$

$$b_{\frac{1}{2}}^{(4)} = 0{,}000.001;$$

$$b_{\frac{3}{2}}^{(0)} = 2{,}007.430, \quad \alpha \frac{db_{\frac{3}{2}}^{(0)}}{d\alpha} = 0{,}014.898, \quad \alpha^2 \frac{d^2b_{\frac{3}{2}}^{(0)}}{d\alpha^2} = 0{,}015.052;$$

$$b_{\frac{3}{2}}^{(1)} = 0{,}122.121, \quad \alpha \frac{db_{\frac{3}{2}}^{(1)}}{d\alpha} = 0{,}122.876, \quad \alpha^2 \frac{d^2b_{\frac{3}{2}}^{(1)}}{d\alpha^2} = 0{,}002.274;$$

$$b_{\frac{3}{2}}^{(2)} = 0{,}006.193, \quad \alpha \frac{db_{\frac{3}{2}}^{(2)}}{d\alpha} = 0{,}012.423, \quad \alpha^2 \frac{d^2b_{\frac{3}{2}}^{(2)}}{d\alpha^2} = 0{,}012.566;$$

$$b_{\frac{5}{2}}^{(0)} = 2{,}020.690;$$

$$b_{\frac{5}{2}}^{(2)} = 0{,}014.499.$$

32. *Mercure et Uranus.*

$$\text{Log}\, \alpha = 8{,}304.9113.$$

$$b_{\frac{1}{2}}^{(0)} = 2{,}000.204, \quad \alpha \frac{db_{\frac{1}{2}}^{(0)}}{d\alpha} = 0{,}000.407, \quad \alpha^2 \frac{d^2b_{\frac{1}{2}}^{(0)}}{d\alpha^2} = 0{,}000.408,$$

$$\alpha^3 \frac{d^3b_{\frac{1}{2}}^{(0)}}{d\alpha^3} = 0{,}000.001, \quad \alpha^4 \frac{d^4b_{\frac{1}{2}}^{(0)}}{d\alpha^4} = 0{,}000.001;$$

$$b^{(1)}_{\frac{1}{2}} = 0,020.183, \quad \alpha\frac{db^{(1)}_{\frac{1}{2}}}{d\alpha} = 0,020.189, \quad \alpha^2\frac{d^2b^{(1)}_{\frac{1}{2}}}{d\alpha^2} = 0,000.019,$$

$$\alpha^3\frac{d^3b^{(1)}_{\frac{1}{2}}}{d\alpha^3} = 0,000.019, \quad \alpha^4\frac{d^4b^{(1)}_{\frac{1}{2}}}{d\alpha^4} = 0,000.000;$$

$$b^{(2)}_{\frac{1}{2}} = 0,000.305, \quad \alpha\frac{db^{(2)}_{\frac{1}{2}}}{d\alpha} = 0,000.611, \quad \alpha^2\frac{d^2b^{(2)}_{\frac{1}{2}}}{d\alpha^2} = 0,000.611,$$

$$\alpha^3\frac{d^3b^{(2)}_{\frac{1}{2}}}{d\alpha^3} = 0,000.001, \quad \alpha^4\frac{d^4b^{(2)}_{\frac{1}{2}}}{d\alpha^4} = 0,000.001;$$

$$b^{(0)}_{\frac{3}{2}} = 2,001.834, \quad \alpha\frac{db^{(0)}_{\frac{3}{2}}}{d\alpha} = 0,003.670, \quad \alpha^2\frac{d^2b^{(0)}_{\frac{3}{2}}}{d\alpha^2} = 0,003.679;$$

$$b^{(1)}_{\frac{3}{2}} = 0,060.585, \quad \alpha\frac{db^{(1)}_{\frac{3}{2}}}{d\alpha} = 0,060.677, \quad \alpha^2\frac{d^2b^{(1)}_{\frac{3}{2}}}{d\alpha^2} = 0,000.278;$$

$$b^{(2)}_{\frac{3}{2}} = 0,001.528, \quad \alpha\frac{db^{(2)}_{\frac{3}{2}}}{d\alpha} = 0,003.058, \quad \alpha^2\frac{d^2b^{(2)}_{\frac{3}{2}}}{d\alpha^2} = 0,003.067;$$

$$b^{(0)}_{\frac{5}{2}} = 2,005.097;$$

$$b^{(2)}_{\frac{5}{2}} = 0,003.568.$$

33. On trouvera, dans les Tables qui précèdent, tout ce dont on a besoin pour le calcul numérique de ceux des coefficients de la fonction perturbatrice dont dépendent les principales inégalités de Mercure. Quant au développement analytique de la fonction perturbatrice elle-même, il réclamerait sans doute quelques nouveaux éclaircissements, malgré tout ce qui a été publié sur cet objet. Mais ce développement est un sujet beaucoup trop délicat, et de trop d'étendue, pour qu'il me soit possible d'en traiter ici avec fruit. Je m'en occuperai dans un article spécial.

34. Lorsqu'on détermine les coefficients de la fonction perturbatrice, et ceux de ses dérivées, par le moyen des valeurs numériques de cette fonction, correspondantes à différents états des anomalies moyennes, il devient indispensable d'apporter toute la simplification possible au calcul de ces valeurs numériques. Comme il se présente, au premier abord, sous une forme assez compliquée, il serait utile d'entrer, à cet égard, dans quelques détails, si ces considérations ne devaient pas trouver bientôt leur place naturelle dans un travail sur les comètes, travail auquel je renverrai.

35. Considérons en particulier une perturbation de la longitude moyenne, donnée par la réunion des termes semblables compris dans $\delta\rho$ et $\delta\varepsilon$, et d'un ordre élevé égal à la quantité positive $(i - i')$. Cette perturbation existera aussi dans l'anomalie moyenne : on pourrait donc l'y introduire algébriquement, et chercher par les formules (**12**) les inégalités correspondantes de l'équation du centre et du rayon vecteur. Mais on développerait ainsi dans ces coordonnées plusieurs inégalités qu'on ne pourrait pas réduire avec les inégalités sensibles qui proviennent des variations des autres éléments de l'orbite. Les Tables se compliqueraient beaucoup, à moins qu'on n'eût recours à des Tables à double entrée.

On évite cet inconvénient, en réservant les inégalités de la longitude moyenne pour ajouter, dans le calcul de chaque lieu héliocentrique, leur grandeur numérique à la valeur angulaire de la longitude moyenne, et à celle de l'anomalie moyenne qui sert aux calculs de l'équation du centre et du rayon vecteur. Telle est l'acception dans laquelle il faut entendre les perturbations à longues périodes, données dans la *Mécanique céleste*. Si l'on n'aperçoit pas toujours clairement, au premier abord, et du point de vue analytique, le but que l'immortel auteur de cet ouvrage s'est proposé d'atteindre, dans plusieurs cas analogues, et notamment dans la détermination des constantes introduites par les intégrations, on ne tarde pas cependant à reconnaître que le calcul a sans cesse été plié avec une admirable intelligence aux exigences astronomiques. Plus on examine avec soin la forme des résultats auxquels Laplace s'est arrêté, et plus on reconnaît la nécessité de s'y astreindre.

36. En ne développant pas l'inégalité de la longitude moyenne, dépendante d'un argument $in - i'n'$ d'un ordre élevé, les inégalités de la longitude vraie qui dériveront de cet argument ne pourront provenir que de la variation de l'excentricité, et de celle du périhélie. On les obtiendra sensiblement par les formules

$$\delta e = -\frac{anm'}{e}\int\frac{d\mathrm{R}}{d\varpi}\,dt,$$

$$\delta\varpi = \frac{anm'}{e}\int\frac{d\mathrm{R}}{de}\,dt,$$

$$\delta v = 2\delta e\sin(nt + \varepsilon - \varpi) - 2e\delta\varpi\cos(nt + \varepsilon - \varpi).$$

Un terme quelconque de R, correspondant à l'argument $in - i'n'$, et de l'ordre le moins élevé, est toujours de la forme

$$Me^h \cos(int - i'n't + i\varepsilon - i'\varepsilon' - \psi - h\varpi),$$

l'exposant h de l'excentricité étant égal au multiplicateur de $-\varpi$ sous le signe cosinus. On en déduit successivement

$$\delta e = \frac{anm' h e^{h-1} M}{in - i'n'} \cos(int - i'n't + i\varepsilon - i'\varepsilon' - \psi - h\varpi),$$

$$\delta\varpi = \frac{anm' h e^{h-2} M}{in - i'n'} \sin(int - i'n't + i\varepsilon - i'\varepsilon' - \psi - h\varpi),$$

$$\delta v = -\frac{2anm' h e^{h-1} M}{in - i'n'} \sin[(i-1)nt - i'n't + (i-1)\varepsilon - i'\varepsilon' - \psi - (h-1)\varpi].$$

On voit donc que δv ne renfermera aucun terme dépendant de l'argument $(i+1)n - i'n'$. Ce terme s'évanouira, à cause de la forme particulière du développement de la fonction perturbatrice, et de celle des expressions différentielles des variations de l'excentricité et du périhélie. J'ai toujours eu soin de calculer les variations de l'excentricité et du périhélie, indépendamment l'une de l'autre, afin d'obtenir des vérifications, par la réduction à zéro de la somme des nombres qui composent le coefficient d'un des termes de la forme de ceux que nous venons de considérer.

37. La vérification précédente s'applique à l'ensemble des calculs. On pourra obtenir, par le moyen suivant, autant de vérifications qu'on le voudra des développements des dérivées partielles de la fonction R. Reprenons l'expression (**11**) de cette fonction; désignons le facteur $\cos v$ par s, et différentions par rapport à a. Nous trouverons, en remarquant que $a\frac{dr}{da}$ est égal à r,

$$a\frac{dR}{da} = -\left[(r^2 + r'^2 - 2rr's)^{-\frac{3}{2}}(r - r's) + \frac{s}{r'^2}\right] r.$$

Prenons actuellement la dérivée de R par rapport à ε,

$$\frac{dR}{d\varepsilon} = -\left[(r^2 + r'^2 - 2rr's)^{-\frac{3}{2}}(r - r's) + \frac{s}{r'^2}\right]\frac{dr}{d\varepsilon}$$
$$+\left[(r^2 + r'^2 - 2rr's)^{-\frac{3}{2}} rr' - \frac{r}{r'^2}\right]\frac{ds}{d\varepsilon},$$

Dans cette expression le coefficient de $\frac{dr}{d\varepsilon}$ peut se remplacer par sa valeur en fonction de $a\frac{dR}{da}$; et en observant d'ailleurs que s ne contient ε que parce qu'il est fonction de la longitude v de Mercure, le second terme pourra s'écrire plus simplement sous la forme $G\frac{dv}{d\varepsilon}$, et l'on aura

$$\frac{dR}{d\varepsilon}=\left(a\frac{dR}{da}\right)\frac{1}{r}\frac{dr}{d\varepsilon}+G\frac{dv}{d\varepsilon}.$$

Nous trouverons de même, en conservant à la lettre G sa signification,

$$\frac{dR}{de}=\left(a\frac{dR}{da}\right)\frac{1}{r}\frac{dr}{de}+G\frac{dv}{de}.$$

$$\frac{dR}{d\varpi}=\left(a\frac{dR}{da}\right)\frac{1}{r}\frac{dr}{d\varpi}+G\frac{dv}{d\varpi}.$$

On déduit des trois équations précédentes trois valeurs de G qui doivent être identiques. En les désignant par M, P, Q, leurs expressions seront les suivantes :

$$M=\frac{\frac{dR}{d\varepsilon}-\left(a\frac{dR}{da}\right)\frac{1}{r}\frac{dr}{d\varepsilon}}{\frac{dv}{d\varepsilon}},$$

$$P=\frac{\frac{dR}{de}-\left(a\frac{dR}{da}\right)\frac{1}{r}\frac{dr}{de}}{\frac{dv}{de}},$$

$$Q=\frac{\frac{dR}{d\varpi}-\left(a\frac{dR}{da}\right)\frac{1}{r}\frac{dr}{d\varpi}}{\frac{dv}{d\varpi}}.$$

Pour appliquer cette remarque à la vérification des développements des dérivées partielles, il faudra attribuer à la longitude de Mercure une valeur particulière. Les dérivées de r et v ne seront plus des séries, mais bien des nombres faciles à calculer. Et alors l'égalité des quantités M, P et Q devra se vérifier séparément pour chacun des coefficients des sinus et des cosinus des multiples de la longitude moyenne de Vénus. La vérification sera très-simple si l'on attribue à la longitude moyenne de Mercure une des valeurs suivantes 0°, 90°, 180° ou 270°. Mais le choix ne sera pas indifférent entre ces quatre positions; et il faudra prendre celle qui ne fera pas acquérir une valeur trop petite aux trois dérivées $\frac{dv}{d\varepsilon}$, $\frac{dv}{de}$, $\frac{dv}{d\varpi}$, et à l'une au moins des trois quantités $\frac{1}{r}\frac{dr}{d\varepsilon}$, $\frac{1}{r}\frac{dr}{de}$ et $\frac{1}{r}\frac{dr}{d\varpi}$. La longitude $l = 270°$ satisfait bien à ces conditions, et l'on trouve, dans ce cas, en multipliant les quantités M, P et Q par $\frac{dv}{d\varepsilon}$, que les trois expressions

$$\frac{dR}{d\varepsilon} + 0{,}032\, a\, \frac{dR}{da},$$

$$-1{,}971\, \frac{dR}{de} + 1{,}614\, a\, \frac{dR}{da},$$

$$2{,}117\, \frac{dR}{d\varpi} - 0{,}068\, a\, \frac{dR}{da},$$

doivent être égales entre elles.

—

§ III.

Variations séculaires des éléments de l'orbite.

38. J'ai traité complétement des inégalités séculaires des orbites des sept planètes principales dans les *Additions à la Connaissance des Temps* pour 1843 et 1844. J'y renverrai pour tous les détails que comporte ce sujet, me bornant à en extraire les résultats qui concernent la théorie de Mercure. J'ajouterai cependant quelques développements relatifs à la détermination des arguments g, g_1, g_2,..., qui entrent sous les signes sinus et cosinus dans les expressions variables des éléments; cette détermination est la partie la plus délicate de la question.

Les arguments g, g_1, g_2,... sont les racines de deux équations de degré élevé, dont la formation est très-pénible. J'ai fait voir, dans les *Additions à la Connaissance des Temps* pour 1843, qu'on pouvait déterminer les coefficients de ces équations par les fonctions symétriques des racines; ce qui exige qu'on exécute les développements *algébriques* de plusieurs des dérivées des quantités h, l, p, q, et de leurs analogues pour toutes les planètes. On peut aussi y parvenir en n'employant que les valeurs numériques de ces dérivées à une époque quelconque; il suffit d'étendre aux arguments la solution que Lagrange a donnée pour les coefficients, dans les Mémoires de l'Académie pour 1774. Quoique la déduction soit facile, Lagrange ne la donne pas; il détermine autrement l'équation des arguments. Laplace, qui s'est occupé de cette solution de Lagrange, dans les Mémoires de 1780, ne paraît pas avoir aperçu qu'on en pouvait déduire la formation de l'équation des arguments d'une manière simple. Du moins, il n'en dit rien en cet endroit; et, depuis, il n'a jamais présenté la formation de l'équation que d'une manière impraticable par sa complication.

39. Je ne considérerai que trois planètes, pour plus de simplicité dans l'écriture. Mais, comme je ne supposerai pas qu'il y ait une racine nulle, on verra aisément que le procédé est général.

Soient

$$h = N\sin(gt+6) + N_1\sin(g_1t+6_1) + N_2\sin(g_2t+6_2),$$
$$l = N\cos(gt+6) + N_1\cos(g_1t+6_1) + N_2\cos(g_2t+6_2),$$

$$h' = N'\sin(gt+6) + N'_1\sin(g_1t+6_1) + N'_2\sin(g_2t+6_2),$$
$$l' = N'\cos(gt+6) + N'_1\cos(g_1t+6_1) + N'_2\cos(g_2t+6_2),$$

$$h'' = N''\sin(gt+6) + N''_1\sin(g_1t+6_1) + N''_2\sin(g_2t+6_2).$$
$$l'' = N''\cos(gt+6) + N''_1\cos(g_1t+6_1) + N''_2\cos(g_2t+6_2).$$

En différentiant trois fois de suite ces formules, par rapport au temps, pris pour variable indépendante, on obtient

$$\frac{dh}{dt} = gN\cos(gt+6) + g_1N_1\cos(g_1t+6_1) + g_2N_2\cos(g_2t+6_2),$$
$$\frac{dl}{dt} = -gN\sin(gt+6) - g_1N_1\sin(g_1t+6_1) - g_2N_2\sin(g_2t+6_2),$$
$$\frac{d^2h}{dt^2} = -g^2N\sin(gt+6) - g_1^2N_1\sin(g_1t+6_1) - g_2^2N_2\sin(g_2t+6_2),$$
$$\frac{d^2l}{dt^2} = -g^2N\cos(gt+6) - g_1^2N_1\cos(g_1t+6_1) - g_2^2N_2\cos(g_2t+6_2),$$
$$\frac{d^3h}{dt^3} = -g^3N\cos(gt+6) - g_1^3N_1\cos(g_1t+6_1) - g_2^3N_2\cos(g_2t+6_2),$$
$$\frac{d^3l}{dt^3} = g^3N\sin(gt+6) + g_1^3N_1\sin(g_1t+6_1) + g_2^3N_2\sin(g_2t+6_2).$$

Faisons actuellement $t = 0$, et posons

$$N\sin 6 = x,\quad N_1\sin 6_1 = x_1,\quad N_2\sin 6_2 = x_2,$$
$$N\cos 6 = y,\quad N_1\cos 6_1 = y_1,\quad N_2\cos 6_2 = y_2,$$

$$N'\sin 6 = x',\quad N'_1\sin 6_1 = x'_1,\quad N'_2\sin 6_2 = x'_2,$$
$$N'\cos 6 = y',\quad N'_1\cos 6_1 = y'_1,\quad N'_2\cos 6_2 = y'_2.$$

$$N''\sin 6 = x'',\quad N''_1\sin 6_1 = x''_1,\quad N''_2\sin 6_2 = x''_2,$$
$$N''\cos 6 = y'',\quad N''_1\cos 6_1 = y''_1,\quad N''_2\cos 6_2 = y''_2.$$

Les premières équations, et leurs dérivées, nous fourniront les deux systèmes suivants :

$$
\begin{array}{ll}
x + x_1 + x_2 = h, & y + y_1 + y_2 = l, \\
g x + g_1 x_1 + g_2 x_2 = -\frac{dl}{dt}, & g y + g_1 y_1 + g_2 y_2 = \frac{dh}{dt}, \\
g^2 x + g_1^2 x_1 + g_2^2 x_2 = -\frac{d^2 h}{dt^2}, & g^2 y + g_1^2 y_1 + g_2^2 y_2 = -\frac{d^2 l}{dt^2}, \\
g^3 x + g_1^3 x_1 + g_2^3 x_2 = \frac{d^3 l}{dt^3}, & g^3 y + g_1^3 y_1 + g_2^3 y_2 = -\frac{d^3 h}{dt^3};
\end{array}
$$

$$
\begin{array}{ll}
x' + x'_1 + x'_2 = h', & y' + y'_1 + y'_2 = l', \\
g x' + g_1 x'_1 + g_2 x'_2 = -\frac{dl'}{dt}, & g y' + g_1 y'_1 + g_2 y'_2 = \frac{dh'}{dt}, \\
g^2 x' + g_1^2 x'_1 + g_2^2 x'_2 = -\frac{d^2 h'}{dt^2}, & g^2 y' + g_1^2 y'_1 + g_2^2 y'_2 = -\frac{d^2 l'}{dt^2}, \\
g^3 x' + g_1^3 x'_1 + g_2^3 x'_2 = \frac{d^3 l'}{dt^3}, & g^3 y' + g_1^3 y'_1 + g_2^3 y'_2 = -\frac{d^3 h'}{dt^3};
\end{array}
$$

$$
\begin{array}{ll}
x'' + x''_1 + x''_2 = h'', & y'' + y''_1 + y''_2 = l'', \\
g x'' + g_1 x''_1 + g_2 x''_2 = -\frac{dl''}{dt}, & g y'' + g_1 y''_1 + g_2 y''_2 = \frac{dh''}{dt}, \\
g^2 x'' + g_1^2 x''_1 + g_2^2 x''_2 = -\frac{d^2 h''}{dt^2}, & g^2 y'' + g_1^2 y''_1 + g_2^2 y''_2 = -\frac{d^2 l''}{dt^2}, \\
g^3 x'' + g_1^3 x''_1 + g_2^3 x''_2 = \frac{d^3 l''}{dt^3}, & g^3 y'' + g_1^3 y''_1 + g_2^3 y''_2 = -\frac{d^3 h''}{dt^3}.
\end{array}
$$

40. Ce sont les équations que Lagrange emploie au calcul des coefficients, et auxquelles il arrive autrement. Seulement, comme il suppose que les arguments soient déjà connus, il s'arrête aux dérivées secondes, ce qui lui fournit un nombre de dix-huit équations, égal à celui des inconnues. C'est en employant, en outre, les troisièmes dérivées, que je parviendrai à déterminer les arguments. J'aurais pu me borner au système des équations en x, x_1, x_2, ... Je n'ai écrit le système en y, y_1, y_2, ... que pour plus de symétrie. Chacun de ces systèmes suffit à lui seul pour déterminer l'équation des arguments.

Désignons par

$$z^3 + a_1 z^2 + a_2 z + a_3 = 0$$

l'équation du troisième degré, dont les racines sont les arguments cherchés. Si nous multiplions la première des équations en x, x_1, x_2,..., par a_3, la seconde par a_2, la troisième par a_1, la quatrième par l'unité, et que nous ajoutions les équations résultantes membre à membre, le coefficient de x, dans le résultat, sera égal à

$$g^3 + a_1 g^2 + a_2 g + a_3,$$

quantité nulle, puisque g est supposé racine de l'équation en z. L'inconnue x disparaîtra donc ; il en sera de même des inconnues x_1 et x_2, et il nous restera la relation

$$a_3 h - a_2 \frac{dl}{dt} - a_1 \frac{d^2 h}{dt^2} + \frac{d^3 l}{dt^3} = 0.$$

Les systèmes en x', x'_1, x'_2, et en x'', x''_1, x''_2, traités de la même manière, fourniront les relations

$$a_3 h' - a_2 \frac{dl'}{dt} - a_1 \frac{d^2 h'}{dt^2} + \frac{d^3 l'}{dt^3} = 0,$$

$$a_3 h'' - a_2 \frac{dl''}{dt} - a_1 \frac{d^2 h''}{dt^2} + \frac{d^3 l''}{dt^3} = 0.$$

Or, ces trois équations sont très-propres à nous faire connaître les coefficients a_1, a_2 et a_3 de l'équation en z.

En effet, quoique h, h', h'' et leurs dérivées aient, dans ces relations, des valeurs particulières à l'origine du temps, il n'en est pas moins certain que ces quantités sont liées entre elles par des conditions telles, que les valeurs de a_1, a_2, a_3 devront se trouver indépendantes de l'hypothèse primitive faite sur h, h', h'',.... On est alors maître de supposer h' et h'' nulles, et h égal à l'unité. On y trouvera l'avantage de simplifier le calcul des dérivées, et de réduire le système des trois équations du premier degré à trois inconnues, à un système composé d'une équation à trois inconnues et de deux équations à deux inconnues.

En traitant les équations en y, y_1, y_2,... comme les équations en x, x_1, x_2,..., on arriverait encore, pour déterminer les coefficients a_1, a_2 et a_3, aux trois relations du premier degré

$$a_3 l + a_2 \frac{dh}{dt} - a_1 \frac{d^2 l}{dt^2} - \frac{d^3 h}{dt^3} = 0,$$

$$a_3 l' + a_2 \frac{dh'}{dt} - a_1 \frac{d^2 l'}{dt^2} - \frac{d^3 h'}{dt^3} = 0,$$

$$a_3 l'' + a_2 \frac{dh''}{dt} - a_1 \frac{d^2 l''}{dt^2} - \frac{d^3 h''}{dt^3} = 0,$$

qu'on simplifierait d'ailleurs comme dans le cas précédent.

41. Les expressions des éléments de l'orbite se trouvent en termes finis, fonctions du temps, dans les *Additions* de 1843. Soient

$$h = e \sin \varpi,$$
$$l = e \cos \varpi,$$
$$p = \operatorname{tang} \varphi \sin \theta,$$
$$q = \operatorname{tang} \varphi \cos \theta.$$

Soient, en outre, les masses m, m',... des différentes planètes représentées comme il suit :

$$\text{Mercure} \ldots\ldots \quad m = \frac{1}{1909706}(1+\nu),$$

$$\text{Vénus} \ldots\ldots \quad m' = \frac{1}{401839}(1+\nu'),$$

$$\text{la Terre} \ldots\ldots \quad m'' = \frac{1}{356354}(1+\nu''),$$

$$\text{Mars} \ldots\ldots \quad m''' = \frac{1}{2680337}(1+\nu'''),$$

$$\text{Jupiter} \ldots\ldots \quad m^{\text{IV}} = \frac{1}{1050}(1+\nu^{\text{IV}}),$$

$$\text{Saturne} \ldots\ldots \quad m^{\text{V}} = \frac{1}{3512}(1+\nu^{\text{V}}),$$

$$\text{Uranus} \ldots\ldots \quad m^{\text{VI}} = \frac{1}{17918}(1+\nu^{\text{VI}}).$$

Si l'on pose

$$\begin{aligned}
g &= 2'',25842 - 0'',0000\nu + 0'',0002\nu' + 0'',0004\nu'' + 0'',0001\nu''' \\
&\quad + 0'',9452\nu^{\text{IV}} + 1'',3695\nu^{\text{V}} - 0'',0569\nu^{\text{VI}}, \\
g_1 &= 3'',71364 + 0'',0002\nu + 0'',0032\nu' + 0'',0072\nu'' + 0'',0024\nu''' \\
&\quad + 0'',6598\nu^{\text{IV}} + 2''.8283\nu^{\text{V}} + 0'',2137\nu^{\text{VI}}, \\
g_2 &= 22'',42730 + 0'',0000\nu + 0'',0012\nu' + 0'',0027\nu'' + 0'',0009\nu''' \\
&\quad + 17'',5266\nu^{\text{IV}} + 4'',5605\nu^{\text{V}} + 0'',3350\nu^{\text{VI}}, \\
g_3 &= 5'',2989 - 0'',1635\nu + 2'',4351\nu' + 0'',9764\nu'' + 0'',0382\nu''' \\
&\quad + 1'',9200\nu^{\text{IV}} + 0'',0907\nu^{\text{V}} + 0'',0019\nu^{\text{VI}}, \\
g_4 &= 7'',5747 + 0'',4453\nu + 0'',2982\nu' + 1'',2449\nu'' + 0'',1577\nu''' \\
&\quad + 5'',1789\nu^{\text{IV}} + 0'',2429\nu^{\text{V}} + 0'',0062\nu^{\text{VI}}, \\
g_5 &= 17'',1527 + 0'',1915\nu + 3'',6113\nu' + 4'',2045\nu'' - 0'',0224\nu''' \\
&\quad + 8'',7733\nu^{\text{IV}} + 0'',3864\nu^{\text{V}} + 0'',0079\nu^{\text{VI}}, \\
g_6 &= 17'',8633 + 0'',0980\nu + 2'',2087\nu' + 3'',1431\nu'' + 0'',2548\nu''' \\
&\quad + 11'',6347\nu^{\text{IV}} + 0'',5108\nu^{\text{V}} + 0'',0129\nu^{\text{VI}};
\end{aligned}$$

$$\begin{aligned}
\beta &= 126^\circ 43' 15'', & \beta_4 &= 35^\circ 38' 43'', \\
\beta_1 &= 27^\circ 21' 26'', & \beta_5 &= -25^\circ 11' 33'', \\
\beta_2 &= 126^\circ 44' 8'', & \beta_6 &= -45^\circ 28' 59'', \\
\beta_3 &= 85^\circ 47' 45'',
\end{aligned}$$

on en déduira, pour les valeurs de h et l, à l'époque t comptée en années à partir du 1er janvier 1800 :

$$\begin{aligned} h = {} & 0{,}000\,440 \sin(g\,t + \beta\,) + 0{,}025\,203 \sin(g_1 t + \beta_1) \\ & + 0{,}000\,100 \sin(g_2 t + \beta_2) + 0{,}170\,999 \sin(g_3 t + \beta_3) \\ & + 0{,}025\,468 \sin(g_4 t + \beta_4) + 0{,}001\,640 \sin(g_5 t + \beta_5) \\ & - 0{,}001\,795 \sin(g_6 t + \beta_6); \end{aligned}$$

$$\begin{aligned} l = {} & 0{,}000\,440 \cos(g\,t + \beta\,) + 0{,}025\,203 \cos(g_1 t + \beta_1) \\ & + 0{,}000\,100 \cos(g_2 t + \beta_2) + 0{,}170\,999 \cos(g_3 t + \beta_3) \\ & + 0{,}025\,468 \cos(g_4 t + \beta_4) + 0{,}001\,640 \cos(g_5 t + \beta_5) \\ & - 0{,}001\,795 \cos(g_6 t + \beta_6). \end{aligned}$$

D'où l'on conclut pour le maximum E que l'excentricité de Mercure ne saurait dépasser

$$\begin{aligned} \mathrm{E} = {} & 0{,}225\,646 - 0{,}0054\,\nu + 0{,}0094\,\nu' + 0{,}0068\,\nu'' + 0{,}0007\,\nu''' \\ & - 0{,}0354\,\nu^{\mathrm{IV}} + 0{,}0198\,\nu^{\mathrm{V}} + 0{,}0041\,\nu^{\mathrm{VI}}. \end{aligned}$$

42. Semblablement, si l'on pose

$$k = 0'',00000$$

$$\begin{aligned} k_1 = {} & -\ 2'',50223 - 0'',0000\,\nu - 0'',0003\,\nu' - 0'',0006\,\nu'' - 0'',0002\,\nu''' \\ & - 0'',8814\,\nu^{\mathrm{IV}} - 1'',4441\,\nu^{\mathrm{V}} - 0'',1772\,\nu^{\mathrm{VI}}, \end{aligned}$$

$$\begin{aligned} k_2 = {} & -25'',88731 - 0'',0001\,\nu - 0'',0015\,\nu' - 0'',0033\,\nu'' - 0'',0011\,\nu''' \\ & - 18'',2469\,\nu^{\mathrm{IV}} - 7'',3167\,\nu^{\mathrm{V}} - 0'',3155\,\nu^{\mathrm{VI}}, \end{aligned}$$

$$\begin{aligned} k_3 = {} & -\ 4'',79535 + 0'',4023\,\nu - 1'',3358\,\nu' - 0'',9062\,\nu'' - 0'',0637\,\nu''' \\ & - 2'',7541\,\nu^{\mathrm{IV}} - 0'',1301\,\nu^{\mathrm{V}} - 0'',0031\,\nu^{\mathrm{VI}}, \end{aligned}$$

$$\begin{aligned} k_4 = {} & -\ 7'',06795 - 0'',6688\,\nu - 0'',9387\,\nu' - 0'',7340\,\nu'' - 0'',1169\,\nu''' \\ & - 4'',3942\,\nu^{\mathrm{IV}} - 0'',2052\,\nu^{\mathrm{V}} - 0'',0049\,\nu^{\mathrm{VI}}, \end{aligned}$$

$$\begin{aligned} k_5 = {} & -17'',46810 - 0'',0698\,\nu - 1'',2435\,\nu' - 2'',4497\,\nu'' + 0'',0809\,\nu''' \\ & - 13'',2011\,\nu^{\mathrm{IV}} - 0'',5709\,\nu^{\mathrm{V}} - 0'',0134\,\nu^{\mathrm{VI}}, \end{aligned}$$

$$\begin{aligned} k_6 = {} & -18'',56787 - 0'',2351\,\nu - 5'',0354\,\nu' - 5'',4789\,\nu'' - 0'',3285\,\nu''' \\ & - 7'',1575\,\nu^{\mathrm{IV}} - 0'',3247\,\nu^{\mathrm{V}} - 0'',0076\,\nu^{\mathrm{VI}}; \end{aligned}$$

$$\begin{aligned} \gamma\ &= 103^\circ\ 8'18'', & \gamma_4 &= -87^\circ 51'44'', \\ \gamma_1 &= 126^\circ 22'54'', & \gamma_5 &= -63^\circ 11'36'', \\ \gamma_2 &= 126^\circ\ 5'44'', & \gamma_6 &= 73^\circ 13'49'', \\ \gamma_3 &= 22^\circ 40'25'', \end{aligned}$$

on aura :

$$
\begin{aligned}
p = {} & 0{,}027\,413 \sin(k\,t + \gamma\,) + 0{,}003\,890 \sin(k_1t + \gamma_1) \\
& + 0{,}000\,268 \sin(k_2t + \gamma_2) + 0{,}103\,470 \sin(k_3t + \gamma_3) \\
& - 0{,}023\,222 \sin(k_4t + \gamma_4) + 0{,}001\,306 \sin(k_5t + \gamma_5) \\
& - 0{,}003\,859 \sin(k_6t + \gamma_6);
\end{aligned}
$$

$$
\begin{aligned}
q = {} & 0{,}027\,413 \cos(k\,t + \gamma\,) + 0{,}003\,890 \cos(k_1t + \gamma_1) \\
& + 0{,}000\,268 \cos(k_2t + \gamma_2) + 0{,}103\,470 \cos(k_3t + \gamma_3) \\
& - 0{,}023\,222 \cos(k_4t + \gamma_4) + 0{,}001\,306 \cos(k_5t + \gamma_5) \\
& - 0{,}003\,859 \cos(k_6t + \gamma_6);
\end{aligned}
$$

d'où l'on déduit pour le maximum Φ de l'inclinaison de l'orbite sur l'écliptique de 1800 :

$$
\begin{aligned}
\Phi = 9^\circ\,16'54'' - 3368''\nu - 4713''\nu' + 3466''\nu'' + 311''\nu''' \\
- 480''\nu^{\text{IV}} + 3839''\nu^{\text{V}} + 945''\nu^{\text{VI}}.
\end{aligned}
$$

Enfin, on trouvera, page 63 des mêmes *Additions*, une Table des éléments de l'orbite, construite sur les formules précédentes, et étendue à cent mille ans, soit avant, soit après l'époque de 1800. J'y renverrai le lecteur, me bornant à remarquer que pendant ce laps de temps l'excentricité oscille entre 0,189 et 0,206; l'inclinaison sur l'écliptique de 1800 entre $5^\circ 31'$ et $7^\circ 39'$; tandis que le périhélie et le nœud parcourent une grande partie de la circonférence.

45. Dans les questions ordinaires de l'astronomie pratique on ne fait pas usage des formules précédentes; on préfère développer les valeurs de h, l, p et q, suivant les puissances du temps; ce qui offre d'autant plus d'avantages que la première puissance suffit en général. En posant par exemple

$$
h = h_0 + \frac{dh_0}{dt}\,t + \frac{d^2h_0}{dt^2}\,\frac{t^2}{2} + \ldots,
$$

h_0, $\dfrac{dh_0}{dt}$, $\dfrac{d^2h_0}{dt^2}$, ... s'obtiendront en faisant $t = 0$ dans la valeur générale de h, et dans celles de ses dérivées des divers ordres prises par rapport au temps. On développerait de même les autres variables. Je n'aurai pas cependant recours à cette méthode, parce qu'on a négligé les puissances supérieures des excentricités et des inclinaisons dans le calcul des formules précédentes; tandis qu'il nous est indispensable, dans la théorie de Mercure, de tenir compte des produits de trois dimensions par rapport à ces éléments. C'est ce qui a été fait dans les *Additions à la Connaissance des Temps* pour 1844. J'en extrairai les nombres dont j'ai besoin. J'ajouterai ici les termes proportionnels au carré du temps, qui n'ont point été donnés dans les *Additions* de 1844. Ces termes n'ont aucune influence sur la comparaison de la théorie avec les observations précises dont nous pouvons disposer; en sorte que je n'ai d'autre but, en les rapportant, que de fournir au lecteur le moyen de s'assurer qu'ils sont insensibles. Enfin, dans les formules qui suivent, les masses des différentes planètes, correspondant aux valeurs nulles de $\nu, \nu', \ldots$, ont les mêmes valeurs que dans le n° **41**, à l'exception de la masse de Mercure qui a été réduite à $\frac{1}{3000000}$.

Soient δh, δl, δp, δq, les variations des auxiliaires h, l, p, q, pour l'époque t comptée en années, à partir du 1er janvier 1800. On a

$$\delta h = \left(\begin{array}{r} 0'',3339 + 0'',183\nu' + 0'',057\nu'' + 0'',001\nu''' \\ + 0'',088\nu^{\text{IV}} + 0'',005\nu^{\text{V}} \end{array}\right) t - 0'',000\,0140\,t^2,$$

$$\delta l = -\left(\begin{array}{r} 1'',0334 + 0'',550\nu' + 0'',163\nu'' + 0'',005\nu''' \\ + 0'',301\nu^{\text{IV}} + 0'',014\nu^{\text{V}} \end{array}\right) t - 0'',000\,0048\,t^2,$$

$$\delta p = -\left(\begin{array}{r} 0'',5338 + 0'',273\nu' + 0'',088\nu'' + 0'',002\nu''' \\ + 0'',161\nu^{\text{IV}} + 0'',009\nu^{\text{V}} \end{array}\right) t - 0'',000\,0010\,t^2,$$

$$\delta q = \left(\begin{array}{r} 0'',2435 + 0'',070\nu' + 0'',073\nu'' + 0'',002\nu''' \\ + 0'',096\nu^{\text{IV}} + 0'',003\nu^{\text{V}} \end{array}\right) t - 0'',000\,0058\,t^2.$$

Les variations de p et de q sont relatives au plan de l'écliptique de 1800, et à la ligne fixe passant à cette époque par l'équinoxe du printemps.

44. Nous allons déduire des formules précédentes les variations du double de l'excentricité et de la longitude du périhélie pour l'époque de 1800, en négligeant les termes proportionnels au carré du temps; ce qui suffira toujours aux usages astronomiques, à moins qu'on ne voulût remonter aux observations qui nous ont été transmises par Ptolémée. On le ferait alors au moyen des valeurs de δh, δl, δp et δq. Nous avons pour calculer $2\delta e$ et $\delta\varpi$ les relations suivantes :

$$2\,\delta e = \frac{2h}{e}\,\delta h + \frac{2l}{e}\,\delta l,$$

$$\delta\varpi = \frac{l}{e^2}\,\delta h - \frac{h}{e^2}\,\delta l,$$

dont nous déduisons :

$$2\delta e = 0'',0850\,t + \left[\begin{matrix} 0'',056\nu' + 0'',022\nu'' - 0'',001\nu''' \\ + 0'',007\nu^{\text{IV}} + 0'',100\nu^{\text{V}} \end{matrix}\right] \times t,$$

$$\delta\varpi = 5'',278\;t + \left[\begin{matrix} 2'',81\,\nu' + 0'',83\,\nu'' + 0'',03\,\nu''' \\ + 1'',52\,\nu^{\text{IV}} + 0,08\,\nu^{\text{V}} \end{matrix}\right] \times t.$$

La variation séculaire de l'équation du centre est ainsi fort différente de celle qui avait été donnée dans la *Mécanique céleste*, en négligeant les termes du troisième ordre : car la variation séculaire du principal terme de cette équation n'était que de 1'',32, par la considération des seuls termes du premier ordre, tandis qu'elle s'élève ici à 8'',50.

45. Nous pourrions semblablement calculer les mouvements de l'inclinaison et du nœud de la planète sur l'écliptique de 1800 ; mais comme c'est à l'écliptique mobile que nous rapportons les positions des astres, il est préférable de déterminer immédiatement les changements qu'éprouve le plan de l'orbite de Mercure par rapport à cette écliptique. C'est ce qui se fera au moyen des formules

$$\delta\varphi = (\delta p - \delta p'')\;\sin\theta + (\delta q - \delta q'')\;\cos\theta,$$

$$\delta\theta = (\delta p - \delta p'')\;\frac{\cos\theta}{\operatorname{tang}\varphi} - (\delta q - \delta q'')\;\frac{\sin\theta}{\operatorname{tang}\varphi};$$

$\delta p''$ et $\delta q''$ se rapportent au mouvement de l'écliptique vraie par rapport au plan fixe de 1800, et l'on a

$$\delta p'' = \left\{0'',0627 + 0'',006\nu + 0'',078\nu' + 0'',007\nu''' - 0'',024\nu^{\text{IV}} - 0'',005\nu^{\text{V}}\right\} t,$$

$$\delta q'' = -\left\{0'',4755 + 0'',005\nu + 0'',288\nu' + 0'',008\nu''' + 0'',161\nu^{\text{IV}} + 0'',013\nu^{\text{V}}\right\} t;$$

d'où l'on déduit :

$$\delta\varphi = 0'',0711\,t + \left[\begin{matrix} - 0'',001\nu - 0'',003\nu' - 0'',013\nu'' \\ + 0'',079\nu^{\text{IV}} + 0'',009\nu^{\text{V}} \end{matrix}\right] t,$$

$$\delta\theta = -7'',585t + \left[\begin{matrix} - 0'',07\nu - 4'',09\nu' - 0'',92\nu'' \\ - 0'',11\nu''' - 2'',28\nu^{\text{IV}} - 0'',11\nu^{\text{V}} \end{matrix}\right] t.$$

Le mouvement séculaire de l'inclinaison relative n'est pas la moitié de celui qu'on avait obtenu en s'arrêtant aux premières puissances des excentricités et des inclinaisons ; je ne puis toutefois douter en aucune façon du nombre que je donne ici, et que j'ai déterminé par deux procédés entièrement distincts l'un de l'autre, savoir, par des développements algébriques, et, ensuite, par des formules d'interpolation.

§ IV.

Variations périodiques des éléments de l'orbite et des coordonnées héliocentriques, produites par Vénus.

46. Les changements considérables que les termes du troisième ordre apportent au mouvement de l'inclinaison relative, à cause de la grandeur de l'excentricité de Mercure et du voisinage de Vénus, doivent nous faire craindre qu'il n'en soit de même dans le calcul des perturbations périodiques. Et, en effet, plusieurs termes du second ordre sont aussi sensibles que ceux du premier, bien que leurs arguments ne soient pas plus petits.

Déjà, dans le n° **26**, j'ai donné la masse de Vénus que nous adopterons; voici maintenant les autres éléments de l'orbite de cette planète, qui sont nécessaires pour le calcul des perturbations : ils sont rapportés au 1er janvier 1800.

Demi-grand axe.	a'	$= 0{,}723.3322$
Excentricité.	e'	$= 0{,}006.8618$
Inclinaison.	φ'	$= 3^{\circ}\,23'\,28'',5$
Longitude de l'époque.	ε'	$= 145.56.51,\ 9$
Longitude du périhélie.	ϖ'	$= 128.43.\ 6,\ 0$
Longitude du nœud ascendant.	θ'	$= 74.51.41,\ 0$

47. L'excentricité de Vénus étant très-petite, on reconnaît aisément qu'elle n'a aucune influence sur les perturbations de Mercure, si ce n'est sur celle à longue période, dépendante de l'argument $5n'-2n$, et qu'elle affecte légèrement. Je calculerai ce terme à part, de manière à ne laisser aucun doute à son égard; et, alors, dans les développements généraux qui vont suivre, je pourrai supposer nulle l'excentricité de Vénus. Je ne négligerai, au reste, aucune puissance de l'excentricité de Mercure ou de l'inclinaison relative qui puisse influer sur les décimales conservées : c'est ce qui importait surtout, à cause de la grandeur de l'excentricité de Mercure.

Soient toujours l' et l les longitudes moyennes de Vénus et de Mercure. Pour éviter l'emploi des décimales, je donnerai les expressions de $100000\frac{dR}{d\varepsilon}$, $1000\,a\frac{dR}{da}$, $1000\frac{dR}{de}$ et $10000\frac{dR}{d\varpi}$.

$$
\begin{aligned}
100\,000\frac{dR}{d\varepsilon} = & -1720\sin(0l'-l)+296\sin(0l'-2l)+36\sin(0l'-3l)\\
& -5682\cos(0l'-l)+216\cos(0l'-2l)+54\cos(0l'-3l)\\[1em]
& +10812\sin(l'-l)-964\sin(l'-2l)+417\sin(l'-3l)\\
& -40\cos(l'-l)-2612\cos(l'-2l)+45\cos(l'-3l)\\
& +0\sin(l'+0l)+595\sin(l'+l)\\
& +0\cos(l'+0l)+523\cos(l'+l)\\
& +0\sin(l'-4l)-52\sin(l'+2l)\\
& +72\cos(l'-4l)-36\cos(l'+2l)\\[1em]
& +62470\sin(2l'-2l)+4140\sin(2l'-3l)-3592\sin(2l'-4l)\\
& -300\cos(2l'-2l)+15477\cos(2l'-3l)+2396\cos(2l'-4l)\\
& -5856\sin(2l'-l)+0\sin(2l'+0l)\\
& +20987\cos(2l'-l)+0\cos(2l'+0l)\\
& -875\sin(2l'-5l)+114\sin(2l'-6l)\\
& -740\cos(2l'-5l)-264\cos(2l'-6l)\\
& -187\sin(2l'+l)+6\sin(2l'+2l)\\
& +84\cos(2l'+l)-4\cos(2l'+2l)\\[1em]
& +36105\sin(3l'-3l)+3576\sin(3l'-4l)-3630\sin(3l'-5l)\\
& -309\cos(3l'-3l)+13244\cos(3l'-4l)+2340\cos(3l'-5l)\\
& -7292\sin(3l'-2l)-4192\sin(3l'-l)\\
& +26422\cos(3l'-2l)-2658\cos(3l'-l)\\
& -936\sin(3l'-6l)+91\sin(3l'-7l)\\
& -834\cos(3l'-6l)-329\cos(3l'-7l)\\
& +0\sin(3l'+0l)+5\sin(3l'+l)\\
& +0\cos(3l'+0l)-39\cos(3l'+l)\\[1em]
& +17728\sin(4l'-4l)+2530\sin(4l'-5l)-3006\sin(4l'-6l)\\
& -256\cos(4l'-4l)+9270\cos(4l'-5l)+1902\cos(4l'-6l)\\
& -6144\sin(4l'-3l)-7246\sin(4l'-2l)\\
& +22590\cos(4l'-3l)-4506\cos(4l'-2l)\\
& -882\sin(4l'-7l)+160\sin(4l'-8l)\\
& -756\cos(4l'-7l)-304\cos(4l'-8l)\\
& +828\sin(4l'-l)+0\sin(4l'+0l)\\
& -700\cos(4l'-l)+0\cos(4l'+0l)
\end{aligned}
$$

$$\begin{aligned}
&+7295\sin(5l'-5l)+1560\sin(5l'-6l)-2233\sin(5l'-7l)\\
&-\ \ 165\cos(5l'-5l)+5670\cos(5l'-6l)+1407\cos(5l'-7l)\\
&\qquad\qquad\qquad\ \ -4296\sin(5l'-4l)-8007\sin(5l'-3l)\\
&\qquad\qquad\qquad\ \ +16004\cos(5l'-4l)-4917\cos(5l'-3l)\\
&\qquad\qquad\qquad\ \ -\ \ 704\sin(5l'-8l)+\ \ 117\sin(5l'-9l)\\
&\qquad\qquad\qquad\ \ -\ \ 552\cos(5l'-8l)-\ \ 279\cos(5l'-9l)\\
&\qquad\qquad\qquad\ \ +1756\sin(5l'-2l)+\ \ \ 87\sin(5l'-l)\\
&\qquad\qquad\qquad\ \ -1522\cos(5l'-2l)+\ \ 215\cos(5l'-l)\\
&\qquad\qquad\qquad\ \ +\ \ 120\sin(5l'-10l)+\ \ \ \ 0\sin(5l'+0l)\\
&\qquad\qquad\qquad\ \ +\ \ \ 90\cos(5l'-10l)+\ \ \ \ 0\cos(5l'+0l)
\end{aligned}$$

$$\begin{aligned}
&+2262\sin(6l'-6l)+\ \ 833\sin(6l'-7l)-1456\sin(6l'-8l)\\
&-\ \ 102\cos(6l'-6l)+3094\cos(6l'-7l)+\ \ 904\cos(6l'-8l)\\
&\qquad\qquad\qquad\ \ -2615\sin(6l'-5l)-7112\sin(6l'-4l)\\
&\qquad\qquad\qquad\ \ +9990\cos(6l'-5l)-4300\cos(6l'-4l)\\
&\qquad\qquad\qquad\ \ -\ \ 558\sin(6l'-9l)+\ \ 120\sin(6l'-10l)\\
&\qquad\qquad\qquad\ \ -\ \ 441\cos(6l'-9l)-\ \ 240\cos(6l'-10l)\\
&\qquad\qquad\qquad\ \ +2304\sin(6l'-3l)+\ \ 232\sin(6l'-2l)\\
&\qquad\qquad\qquad\ \ -2049\cos(6l'-3l)+\ \ 540\cos(6l'-2l)\\
&\qquad\qquad\qquad\ \ +\ \ \ 66\sin(6l'-11l)-\ \ \ 48\sin(6l'-l)\\
&\qquad\qquad\qquad\ \ +\ \ \ 11\cos(6l'-11l)+\ \ \ \ 3\cos(6l'-l)
\end{aligned}$$

$$\begin{aligned}
&-\ \ 440\sin(8l'-8l)+\ \ 207\sin(8l'-9l)-\ \ 460\sin(8l'-10l)\\
&-\ \ \ 64\cos(8l'-8l)+\ \ 648\cos(8l'-9l)+\ \ 270\cos(8l'-10l)\\
&\qquad\qquad\qquad\ \ -\ \ 707\sin(8l'-7l)-3816\sin(8l'-6l)\\
&\qquad\qquad\qquad\ \ +2828\cos(8l'-7l)-2238\cos(8l'-6l)\\
&\qquad\qquad\qquad\ \ -\ \ 187\sin(8l'-11l)+\ \ 108\sin(8l'-12l)\\
&\qquad\qquad\qquad\ \ -\ \ 198\cos(8l'-11l)-\ \ 144\cos(8l'-12l)\\
&\qquad\qquad\qquad\ \ +2125\sin(8l'-5l)+\ \ 468\sin(8l'-4l)\\
&\qquad\qquad\qquad\ \ -1960\cos(8l'-5l)+\ \ 992\cos(8l'-4l)\\
&\qquad\qquad\qquad\ \ +\ \ \ 65\sin(8l'-13l)-\ \ 255\sin(8l'-3l)\\
&\qquad\qquad\qquad\ \ +\ \ \ \ 0\cos(8l'-13l)+\ \ \ 30\cos(8l'-3l)
\end{aligned}$$

$$\begin{aligned}
&-\ \ 132\sin(10l'-12l)+\ \ 16\sin(10l'-16l)\\
&+\ \ 120\cos(10l'-12l)+\ \ 32\cos(10l'-16l)\\
&-1400\sin(10l'-\ \ 8l)+\ \ 36\sin(10l'-4l)\\
&-\ \ 800\cos(10l'-\ \ 8l)-\ \ 96\cos(10l'-4l)
\end{aligned}$$

$$
\begin{array}{rrrrr}
1000\,a\dfrac{dR}{da} = & & + \;166\sin(0l'-\;\;l) & - & 8\sin(0l'-2l) \\
+\;334\cos(0l'-0l) & - & 52\cos(0l'-\;\;l) & + & 0\cos(0l'-2l) \\
\\
+\;\;\;\;2\sin(\;\;l'-\;\;l) & + & 58\sin(\;\;l'-2l) & - & 4\sin(\;\;l'-3l) \\
+\;386\cos(\;\;l'-\;\;l) & - & 23\cos(\;\;l'-2l) & + & 4\cos(\;\;l'-3l) \\
 & - & 206\sin(\;\;l'+0l) & + & 22\sin(\;\;l'+\;\;l) \\
 & - & 61\cos(\;\;l'+0l) & - & 26\cos(\;\;l'+\;\;l) \\
 & + & 0\sin(\;\;l'-4l) & + & 0\sin(\;\;l'+2l) \\
 & - & 1\cos(\;\;l'-4l) & + & 1\cos(\;\;l'+2l) \\
\\
+\;\;\;\;5\sin(2l'-2l) & - & 96\sin(2l'-3l) & - & 14\sin(2l'-4l) \\
+\;747\cos(2l'-2l) & + & 24\cos(2l'-3l) & - & 16\cos(2l'-4l) \\
 & - & 522\sin(2l'-\;\;l) & + & 68\sin(2l'+0l) \\
 & - & 148\cos(2l'-\;\;l) & - & 98\cos(2l'+0l) \\
 & + & 2\sin(2l'-5l) & + & 4\sin(2l'+\;\;l) \\
 & - & 4\cos(2l'-5l) & + & 8\cos(2l'+\;\;l) \\
\\
+\;\;\;\;3\sin(3l'-3l) & - & 101\sin(3l'-4l) & - & 15\sin(3l'-5l) \\
+\;415\cos(3l'-3l) & + & 26\cos(3l'-4l) & - & 20\cos(3l'-5l) \\
 & - & 459\sin(3l'-2l) & + & 97\sin(3l'-\;\;l) \\
 & - & 128\cos(3l'-2l) & - & 152\cos(3l'-\;\;l) \\
 & + & 3\sin(3l'-6l) & + & 17\sin(3l'+0l) \\
 & - & 6\cos(3l'-6l) & + & 24\cos(3l'+0l) \\
\\
+\;\;\;\;4\sin(4l'-4l) & - & 77\sin(4l'-5l) & - & 13\sin(4l'-6l) \\
+\;199\cos(4l'-4l) & + & 18\cos(4l'-5l) & - & 20\cos(4l'-6l) \\
 & - & 337\sin(4l'-3l) & + & 103\sin(4l'-2l) \\
 & - & 92\cos(4l'-3l) & - & 164\cos(4l'-2l) \\
 & + & 5\sin(4l'-7l) & + & 33\sin(4l'-\;\;l) \\
 & - & 6\cos(4l'-7l) & + & 40\cos(4l'-\;\;l) \\
\\
+\;\;\;\;3\sin(5l'-5l) & - & 50\sin(5l'-6l) & - & 11\sin(5l'-7l) \\
+\;\;81\cos(5l'-5l) & + & 13\cos(5l'-6l) & - & 15\cos(5l'-7l) \\
 & - & 220\sin(5l'-4l) & + & 91\sin(5l'-3l) \\
 & - & 59\cos(5l'-4l) & - & 147\cos(5l'-3l) \\
 & + & 4\sin(5l'-8l) & + & 42\sin(5l'-2l) \\
 & - & 7\cos(5l'-8l) & + & 49\cos(5l'-2l)
\end{array}
$$

$$
\begin{aligned}
&+\ 2\sin(6l'-6l) &&-\ 28\sin(6l'-7l) &&-\ 5\sin(6l'-8l)\\
&+\ 25\cos(6l'-6l) &&+\ 6\cos(6l'-7l) &&-\ 10\cos(6l'-8l)\\
& &&-\ 130\sin(6l'-5l) &&+\ 71\sin(6l'-4l)\\
& &&-\ 32\cos(6l'-5l) &&-\ 116\cos(6l'-4l)\\
& &&+\ 4\sin(6l'-9l) &&+\ 46\sin(6l'-3l)\\
& &&-\ 6\cos(6l'-9l) &&+\ 52\cos(6l'-3l)
\end{aligned}
$$

$$
\begin{aligned}
1000\frac{dR}{de} = & &&+\ 288\sin(0l'-l) &&+\ 2\sin(0l'-2l)\\
&+116\cos(0l'-0l) &&-\ 88\cos(0l'-l) &&+\ 2\cos(0l'-2l)
\end{aligned}
$$

$$
\begin{aligned}
&+\ 4\sin(l'-l) &&+\ 61\sin(l'-2l) &&+\ 5\sin(l'-3l)\\
&+125\cos(l'-l) &&-\ 23\cos(l'-2l) &&+\ 7\cos(l'-3l)\\
& &&-\ 297\sin(l'+0l) &&+\ 45\sin(l'+l)\\
& &&-\ 87\cos(l'+0l) &&-\ 69\cos(l'+l)\\
& &&-\ 1\sin(l'-4l) &&+\ 1\sin(l'+2l)\\
& &&+\ 1\cos(l'-4l) &&+\ 1\cos(l'+2l)
\end{aligned}
$$

$$
\begin{aligned}
&+\ 3\sin(2l'-2l) &&-\ 201\sin(2l'-3l) &&-\ 49\sin(2l'-4l)\\
&-249\cos(2l'-2l) &&+\ 53\cos(2l'-3l) &&-\ 82\cos(2l'-4l)\\
& &&-1005\sin(2l'-l) &&+\ 221\sin(2l'+0l)\\
& &&-\ 281\cos(2l'-l) &&-\ 362\cos(2l'+0l)\\
& &&+\ 21\sin(2l'-5l) &&+\ 17\sin(2l'+l)\\
& &&-\ 23\cos(2l'-5l) &&+\ 27\cos(2l' [illegible] l)
\end{aligned}
$$

$$
\begin{aligned}
&+\ 3\sin(3l'-3l) &&-\ 96\sin(3l'-4l) &&-\ 34\sin(3l'-5l)\\
&-285\cos(3l'-3l) &&+\ 26\cos(3l'-4l) &&-\ 59\cos(3l'-5l)\\
& &&-\ 566\sin(3l'-2l) &&+\ 250\sin(3l'-l)\\
& &&-\ 154\cos(3l'-2l) &&-\ 411\cos(3l'-l)\\
& &&+\ 18\sin(3l'-6l) &&+\ 72\sin(3l'+0l)\\
& &&-\ 20\cos(3l'-6l) &&+\ 84\cos(3l'+0l)
\end{aligned}
$$

$$
\begin{aligned}
&+\ 0\sin(4l'-4l) &&-\ 26\sin(4l'-5l) &&-\ 21\sin(4l'-6l)\\
&-231\cos(4l'-4l) &&+\ 6\cos(4l'-5l) &&-\ 36\cos(4l'-6l)\\
& &&-\ 258\sin(4l'-3l) &&+\ 201\sin(4l'-2l)\\
& &&[illegible]\ 70\cos(4l'-3l) &&-\ 338\cos(4l' [illegible])\\
& &&[illegible]\ 14\sin(4l'-7l) &&+\ 106\sin(4l' [illegible])\\
& &&[illegible]\ 16\cos(4l'-7l) &&[illegible]\ 120\cos(4l' [illegible])
\end{aligned}
$$

$$
\begin{array}{rrr}
+\ 0\sin(5l'-5l) & +\ 6\sin(5l'-6l) & -\ 9\sin(5l'-7l) \\
-156\cos(5l'-5l) & -\ 2\cos(5l'-6l) & -\ 16\cos(5l'-7l) \\
 & -\ 86\sin(5l'-4l) & +\ 135\sin(5l'-3l) \\
 & -\ 22\cos(5l'-4l) & -\ 230\cos(5l'-3l) \\
 & +\ 10\sin(5l'-8l) & +\ 110\sin(5l'-2l) \\
 & -\ 14\cos(5l'-8l) & +\ 122\cos(5l'-2l)
\end{array}
$$

$$
\begin{array}{rrr}
+\ 0\sin(6l'-6l) & +\ 17\sin(6l'-7l) & -\ 2\sin(6l'-8l) \\
-\ 91\cos(6l'-6l) & -\ 4\cos(6l'-7l) & -\ 5\cos(6l'-8l) \\
 & -\ 9\sin(6l'-5l) & +\ 80\sin(6l'-4l) \\
 & -\ 2\cos(6l'-5l) & -\ 137\cos(6l'-4l) \\
 & +\ 5\sin(6l'-9l) & +\ 95\sin(6l'-3l) \\
 & -\ 18\cos(6l'-9l) & +\ 104\cos(6l'-3l);
\end{array}
$$

$$
10000\frac{dR}{d\varpi} =
\begin{array}{rrr}
 & +\ 148\sin(0l'-\ l) & -\ 10\sin(0l'-2l) \\
-\ 6\cos(0l'-0l) & +\ 576\cos(0l'-\ l) & +\ 4\cos(0l'-2l)
\end{array}
$$

$$
\begin{array}{rrr}
-\ 4\sin(\ l'-\ l) & +\ 18\sin(\ l'-2l) & -\ 16\sin(\ l'-3l) \\
-\ 16\cos(\ l'-\ l) & +\ 129\cos(\ l'-2l) & +\ 22\cos(\ l'-3l) \\
 & -\ 142\sin(\ l'+0l) & -\ 144\sin(\ l'+\ l) \\
 & +\ 549\cos(\ l'+0l) & -\ 86\cos(\ l'+\ l) \\
 & +\ 0\sin(\ l'-4l) & +\ 8\sin(\ l'+2l) \\
 & -\ 7\cos(\ l'-4l) & +\ 1\cos(\ l'+2l)
\end{array}
$$

$$
\begin{array}{rrr}
-\ 8\sin(2l'-2l) & -\ 158\sin(2l'-3l) & +\ 186\sin(2l'-4l) \\
-\ 5\cos(2l'-2l) & -\ 493\cos(2l'-3l) & -\ 106\cos(2l'-4l) \\
 & -\ 570\sin(2l'-\ l) & -\ 728\sin(2l'+0l) \\
 & +2111\cos(2l'-\ l) & -\ 448\cos(2l'+0l) \\
 & +\ 50\sin(2l'-5l) & +\ 38\sin(2l'+\ l) \\
 & +\ 53\cos(2l'-5l) & -\ 35\cos(2l'+\ l)
\end{array}
$$

$$
\begin{array}{rrr}
-\ 16\sin(3l'-3l) & -\ 104\sin(3l'-4l) & +\ 139\sin(3l'-5l) \\
-\ 16\cos(3l'-3l) & -\ 321\cos(3l'-4l) & -\ 98\cos(3l'-5l) \\
 & -\ 358\sin(3l'-2l) & -\ 855\sin(3l'-\ l) \\
 & +1329\cos(3l'-2l) & -\ 508\cos(3l'-\ l) \\
 & +\ 42\sin(3l'-6l) & +\ 160\sin(3l'+0l) \\
 & +\ 45\cos(3l'-6l) & -\ 149\cos(3l'+0l)
\end{array}
$$

$$
\begin{array}{llllll}
- & 2\sin(4l'-4l) & - & 62\sin(4l'-5l) & + & 101\sin(4l'-6l) \\
- & 6\cos(4l'-4l) & - & 185\cos(4l'-5l) & - & 62\cos(4l'-6l) \\
 & & - & 204\sin(4l'-3l) & - & 729\sin(4l'-2l) \\
 & & + & 753\cos(4l'-3l) & - & 446\cos(4l'-2l) \\
 & & + & 30\sin(4l'-7l) & + & 236\sin(4l'-l) \\
 & & + & 33\cos(4l'-7l) & - & 221\cos(4l'-l)
\end{array}
$$

$$
\begin{array}{llllll}
+ & 12\sin(5l'-5l) & - & 31\sin(5l'-6l) & + & 51\sin(5l'-7l) \\
- & 9\cos(5l'-5l) & - & 95\cos(5l'-6l) & - & 32\cos(5l'-7l) \\
 & & - & 93\sin(5l'-4l) & - & 543\sin(5l'-3l) \\
 & & + & 389\cos(5l'-4l) & - & 322\cos(5l'-3l) \\
 & & + & 5\sin(5l'-8l) & + & 259\sin(5l'-2l) \\
 & & + & 21\cos(5l'-8l) & - & 235\cos(5l'-2l)
\end{array}
$$

$$
\begin{array}{llllll}
+ & 1\sin(6l'-6l) & - & 21\sin(6l'-7l) & + & 34\sin(6l'-8l) \\
+ & 2\cos(6l'-6l) & - & 46\cos(6l'-7l) & - & 30\cos(6l'-8l) \\
 & & - & 47\sin(6l'-5l) & - & 364\sin(6l'-4l) \\
 & & + & 196\cos(6l'-5l) & - & 222\cos(6l'-4l) \\
 & & - & 3\sin(6l'-9l) & + & 223\sin(6l'-3l) \\
 & & + & 24\cos(6l'-9l) & - & 202\cos(6l'-3l).
\end{array}
$$

48. En substituant les expressions précédentes dans les formules (**11**), et en intégrant par rapport au temps, nous trouverons les perturbations suivantes de la longitude moyenne, du grand axe, de l'excentricité et du périhélie. Pour les deux premiers éléments, je négligerai les termes dont la valeur absolue est au-dessous de 0",10; je négligerai, pour l'excentricité, ceux dont la valeur absolue est au-dessous de 0",05; et, dans la position du périhélie, ceux dont la valeur absolue est inférieure à 0",25. J'ai, au reste, poussé dans mes calculs l'exactitude jusqu'aux centièmes, afin d'avoir exactement les perturbations de la longitude et du rayon vecteur.

$$
\begin{aligned}
\delta\rho + \delta\varepsilon = & - 3'',30\, t \\
& + 0'',43 \sin(l' - l) - 0'',00 \cos(l' - l) \\
& + 0'',06 \sin l' \qquad\qquad - 0'',19 \cos l' \\
& + 0'',50 \sin(2l' - 2l) - 0'',00 \cos(2l' - 2l) \\
& - 0'',98 \sin(2l' - l) + 3'',52 \cos(2l' - l) \\
& + 0'',15 \sin(3l' - 3l) - 0'',00 \cos(3l' - 3l) \\
& - 0'',13 \sin(3l' - 2l) + 0'',44 \cos(3l' - 2l) \\
& - 0'',52 \sin(3l' - l) - 0'',33 \cos(3l' - l) \\
& - 0'',04 \sin(4l' - 3l) + 0'',16 \cos(4l' - 3l) \\
& - 0'',36 \sin(4l' - 2l) - 0'',23 \cos(4l' - 2l) \\
& - 0'',10 \sin(5l' - 3l) - 0'',06 \cos(5l' - 3l) \\
& - 6'',19 \sin(5l' - 2l) - \text{[illegible]}'',36 \cos(5l' - 2l)
\end{aligned}
$$

$$\delta a = -0'',15 \sin(2l'-l) - 0'',04 \cos(2l'-l),$$

$$\begin{aligned}
\delta e = & \quad 0'',02\, t \\
& - 0'',05 \sin l && - 0'',01 \cos l \\
& - 0'',13 \sin l' && - 0'',03 \cos l' \\
& + 0'',94 \sin(2l'-l) && + 0'',26 \cos(2l'-l) \\
& + 0'',06 \sin 2l' && - 0'',09 \cos 2l' \\
& + 0'',16 \sin(3l'-2l) && + 0'',04 \cos(3l'-2l) \\
& + 0'',28 \sin(3l'-l) && - 0'',47 \cos(3l'-l) \\
& + 0'',05 \sin(4l'-3l) && + 0'',01 \cos(4l'-3l) \\
& - 0'',10 \sin(4l'-2l) && + 0'',16 \cos(4l'-2l) \\
& + 0'',04 \sin(4l'-l) && + 0'',04 \cos(4l'-l) \\
& - 0'',03 \sin(5l'-3l) && + 0'',05 \cos(5l'-3l) \\
& - 0'',53 \sin(5l'-2l) && - 0'',59 \cos(5l'-2l),
\end{aligned}$$

$$\begin{aligned}
\delta\varpi = & \quad 2'',86\, t \\
& - 0'',08 \sin l && + 0'',27 \cos l \\
& - 0'',21 \sin l' && + 0'',72 \cos l' \\
& + 1'',22 \sin(2l'-l) && - 4'',38 \cos(2l'-l) \\
& - 0'',44 \sin 2l' && - 0'',27 \cos 2l' \\
& + 0'',18 \sin(3l'-2l) && - 0'',65 \cos(3l'-2l) \\
& - 2'',23 \sin(3l'-l) && - 1'',35 \cos(3l'-l) \\
& + 0'',74 \sin(4l'-2l) && + 0'',44 \cos(4l'-2l) \\
& + 0'',20 \sin(4l'-l) && - 0'',18 \cos(4l'-l) \\
& - 2'',71 \sin(5l'-2l) && + 2'',45 \cos(5l'-2l).
\end{aligned}$$

Je n'ai conservé, dans la valeur de $\delta\rho + \delta\varepsilon$, aucun terme dépendant de la longitude moyenne de Mercure. L'action de Vénus y introduit la perturbation $0'',010 \sin l - 0'',094 \cos l$, négligeable à cause de sa petitesse, et qu'on devrait d'ailleurs omettre quand même elle serait plus considérable. Cette perturbation peut se confondre, en effet, avec l'équation du centre du mouvement purement elliptique, en altérant un peu les valeurs de l'excentricité et de la longitude du périhélie qui y correspondraient. Or, l'observation directe donne ces éléments ainsi modifiés. On peut donc laisser de côté la perturbation dont l'argument serait la longitude de Mercure, tant qu'elle n'est pas assez grande pour que la correction qu'elle apporte aux éléments elliptiques puisse influer sur le second terme de l'équation du centre.

Le terme proportionnel au temps $-3'',30\, t$, qui entre dans la valeur de $\delta\rho + \delta\varepsilon$, affecte directement la longitude moyenne et l'anomalie moyenne de la planète. Nous pourrons nous dispenser de le conserver, pourvu que nous empruntions aux observations le moyen mouvement destiné au calcul de la longitude; mais nous augmenterons ce moyen mouvement de 3″,30, avant de le faire servir au calcul du grand axe de l'orbite.

Dans les termes $\delta e = 0'',02\,t$, et $\delta\varpi = 2'',86\,t$, nous retrouvons les inégalités séculaires de l'excentricité et du périhélie. Les expressions rapportées plus haut supposent $\delta e = 0'',028\,t$ et $\delta\varpi = 2'',81\,t$. La petite différence, qui serait au reste sans inconvénient dans la pratique, provient de ce que dans le calcul des inégalités périodiques, qui nous a donné l'occasion de revenir sur ces nombres, l'approximation des coefficients n'a pas dû être poussée aussi loin que le réclamerait la détermination rigoureuse des inégalités séculaires; et c'est même par cette raison qu'il y a avantage à traiter ces dernières à part.

Enfin l'inégalité à longue période $6'',19 \sin(5l'-2l) - 5'',36 \cos(5l'-2l)$, comprise dans $\delta\rho + \delta z$, ne sera pas appliquée au développement des inégalités de la longitude vraie, suivant ce qui a été expliqué au n° 35. Il en devrait être de même des inégalités à longues périodes dépendantes des arguments $8l'-3l$ et $10l'-4l$, si elles avaient été assez grandes pour qu'on dût les conserver. Je les ai trouvées égales à

$$-0'',09 \sin(8l'-3l) + 0'',01 \cos(8l'-3l),$$
$$0'',03 \sin(10l'-4l) - 0'',08 \cos(10l'-4l).$$

On voit qu'on peut les considérer comme insensibles. Mais elles ne sont pas tellement petites qu'on fût certain, avant tout calcul, qu'elles étaient sans influence. Il est bon de s'assurer, une fois au moins, qu'on n'a négligé aucun terme important.

49. J'ai dit plus haut que l'inégalité du moyen mouvement, dépendante de l'argument $5l'-2l$, était un peu influencée par l'excentricité de Vénus. Achevons de la déterminer. Pour ne laisser aucun nuage, j'ai recalculé complétement cette perturbation par interpolation, en conservant l'excentricité de Vénus; puis, faisant la différence avec la première valeur, obtenue dans le numéro précédent, j'ai vérifié que cette différence était égale à la valeur qu'on lui trouve en la déterminant algébriquement.

La perturbation calculée directement, et sans rien négliger, a pour expression :

$$6'',29 \sin(5l'-2l) - 4'',07 \cos(5l'-2l).$$

D'autre part, les termes de R qui fournissent la partie dépendante de l'excentricité de Vénus sont, en négligeant l'inclinaison des orbites, les suivants

$$\frac{e'e^2}{16a'}\left(396b_{\frac{1}{2}}^{(1)}+184\alpha\frac{db_{\frac{1}{2}}^{(1)}}{d\alpha}+25\alpha^2\frac{d^2b_{\frac{1}{2}}^{(1)}}{d\alpha^2}+\alpha^3\frac{d^3b_{\frac{1}{2}}^{(1)}}{d\alpha^3}\right)\cos(5l'-2l-\varpi'-2\varpi),$$

$$-\frac{e'^2e}{16a'}\left(402b_{\frac{1}{2}}^{(3)}+193\alpha\frac{db_{\frac{1}{2}}^{(3)}}{d\alpha}+26\alpha^2\frac{d^2b_{\frac{1}{2}}^{(3)}}{d\alpha^2}+\alpha^3\frac{d^3b_{\frac{1}{2}}^{(3)}}{d\alpha^3}\right)\cos(5l'-2l-2\varpi'-\varpi).$$

En les réduisant en nombres, différentiant par rapport à ε, et substituant dans la première des formules (**11**), on obtient la perturbation

$$0'',11 \sin(5l'-2l)+1'',33\cos(5l'-2l).$$

Telle est effectivement la différence qu'on trouve en retranchant de l'expression complète de la perturbation celle qu'on avait d'abord obtenue en négligeant e'.

30. Les expressions $\delta\rho+\delta\varepsilon$, δe et $\delta\varpi$, substituées dans la première des formules (**12**), donnent les inégalités de la longitude vraie, dans lesquelles j'omettrai ici celles qui sont au-dessous de $0'',1$, et qui ne peuvent pas se réduire avec d'autres plus sensibles dans une table de même argument :

$$\begin{aligned}
\delta v = &\left\{\begin{array}{l}
0'',73 \sin(l'-l)\\
-2'',15 \sin(2l'-2l)\\
-0'',47 \sin(3l'-3l)\\
+0'',05 \sin(4l'-4l)
\end{array}\right.\\
+&\left\{\begin{array}{ll}
+0'',07 \sin l' & -0'',29 \cos l'\\
+0'',65 \sin 2l' & +0'',40 \cos 2l'\\
-0'',09 \sin 3l' & +0'',07 \cos 3l'
\end{array}\right.\\
+&\left\{\begin{array}{l}
+0'',04 \sin(l'-2l)+0'',18 \cos(l'-2l)\\
+0'',12 \sin(2l'-4l)-0'',07 \cos(2l'-4l)
\end{array}\right.\\
+&\left\{\begin{array}{l}
-1'',03 \sin(2l'-l)+3'',70 \cos(2l'-l)\\
-0'',45 \sin(4l'-2l)-0'',27 \cos(4l'-2l)
\end{array}\right.\\
&-0'',14 \sin(2l'-3l)-0'',54 \cos(2l'-3l)\\
&-0'',39 \sin(3l'-2l)+1'',35 \cos(3l'-2l)\\
&-0'',04 \sin(3l'-4l)-0'',14 \cos(3l'-4l)\\
&+0'',09 \sin(4l'-3l)-0'',31 \cos(4l'-3l)\\
&-0'',10 \sin(5l'-4l)+0'',33 \cos(5l'-4l)\\
&-0'',49 \sin(3l'-l)-0'',31 \cos(3l'-l)\\
&+1'',18 \sin(5l'-3l)+0'',77 \cos(5l'-3l)\\
&+0'',14 \sin(2l'+l)-0'',13 \cos(2l'+l).
\end{aligned}$$

La seconde des formules (**12**) donnerait ensuite les inégalités du rayon vecteur. Je n'ai trouvé ainsi que des différences insensibles avec les perturbations qui sont données dans la *Mécanique céleste;* et je ne m'y arrêterai pas pour le moment.

51. Enfin, dans tout ce qui précède, il n'a point été question des inégalités proprement dites de la latitude; de celles qui dépendent des perturbations périodiques de l'inclinaison de l'orbite et du nœud. Je les ai trouvées insensibles, conformément à ce qu'en dit Laplace dans le troisième volume de la *Mécanique céleste*.

§ V.

Perturbations produites par la Terre.

52. La masse de la Terre a déjà été donnée. Les éléments de son mouvement sont les suivants, au 1er janvier 1800 :

Excentricité.	0,0167923.
Longitude de l'époque.	100°23′35″,5.
Longitude du périhélie	99°30′ 8″,4.

En désignant par R la fonction perturbatrice, j'ai trouvé successivement les résultats suivants, dans lesquels l'' est la longitude moyenne de la Terre :

$$
\begin{aligned}
100\,000\frac{dR}{de} = &- 563\sin(0l''-l) + 104\sin(0l''-2l) - 28\sin(0l''-3l)\\
&- 1706\cos(0l''-l) + 151\cos(0l''-2l) + 25\cos(0l''-3l)\\
&+ 2540\sin(l''-l) - 209\sin(l''-2l) + 128\sin(l''-3l)\\
&+ 34\cos(l''-l) - 695\cos(l''-2l) + 78\cos(l''-3l)\\
&\qquad + 0\sin(l''+0l) + 86\sin(l''+l)\\
&\qquad + 0\cos(l''+0l) + 145\cos(l''+l)\\
&\qquad - 23\sin(l''-4l) - 12\sin(l''+2l)\\
&\qquad + 35\cos(l''-4l) - 5\cos(l''+2l)\\
&+ 21620\sin(2l''-2l) + 1621\sin(2l''-3l) - 1366\sin(2l''-4l)\\
&+ 37\cos(2l''-2l) + 5794\cos(2l''-3l) + 924\cos(2l''-4l)\\
&\qquad - 2049\sin(2l''-l) + 0\sin(2l''+0l)\\
&\qquad + 6981\cos(2l''-l) + 0\cos(2l''+0l)\\
&\qquad - 346\sin(2l''-5l) - 62\sin(2l''+l)\\
&\qquad - 276\cos(2l''-5l) + 16\cos(2l''+l)
\end{aligned}
$$

$$
\begin{array}{rrr}
+\ 9311\sin(3l''-3l) & +\ 1023\sin(3l''-4l) & -\ 973\sin(3l''-5l) \\
-\ 132\cos(3l''-3l) & +\ 3518\cos(3l''-4l) & +\ 653\cos(3l''-5l) \\
 & -\ 2056\sin(3l''-2l) & -\ 571\sin(3l''-\ l) \\
 & +\ 5195\cos(3l''-2l) & -\ 624\cos(3l''-\ l) \\
 & -\ 268\sin(3l''-6l) & +\ 0\sin(3l''+0l) \\
 & -\ 217\cos(3l''-6l) & +\ 0\cos(3l''+0l)
\end{array}
$$

$$
\begin{array}{rrr}
+\ 3458\sin(4l''-4l) & +\ 535\sin(4l''-5l) & -\ 580\sin(4l''-6l) \\
-\ 120\cos(4l''-4l) & +\ 1778\cos(4l''-5l) & +\ 388\cos(4l''-6l) \\
 & -\ 1271\sin(4l''-3l) & -\ 746\sin(4l''-2l) \\
 & +\ 3234\cos(4l''-3l) & -\ 745\cos(4l''-2l) \\
 & -\ 176\sin(4l''-7l) & +\ 113\sin(4l''-\ l) \\
 & -\ 146\cos(4l''-7l) & -\ 41\cos(4l''-\ l);
\end{array}
$$

$$
1000a\frac{dR}{da} =
\begin{array}{rrr}
 & +\ 40\sin(0l''-\ l) & -\ 3\sin(0l''-2l) \\
+\ 94\cos(0l''-0l) & -\ 14\cos(0l''-\ l) & +\ 1\cos(0l''-2l)
\end{array}
$$

$$
\begin{array}{rrr}
-\ 1\sin(\ l''-\ l) & +\ 11\sin(\ l''-2l) & -\ 1\sin(\ l''-3l) \\
+\ 82\cos(\ l''-\ l) & -\ 4\cos(\ l''-2l) & +\ 1\cos(\ l''-3l) \\
 & -\ 36\sin(\ l''+0l) & +\ 5\sin(\ l''+\ l) \\
 & -\ 14\cos(\ l''+0l) & -\ 4\cos(\ l''+\ l) \\
 & -\ 0\sin(\ l''-4l) & -\ 0\sin(\ l''+2l) \\
 & -\ 0\cos(\ l''-4l) & +\ 0\cos(\ l''+2l)
\end{array}
$$

$$
\begin{array}{rrr}
-\ 1\sin(2l''-2l) & -\ 38\sin(2l''-3l) & -\ 5\sin(2l''-4l) \\
+\ 234\cos(2l''-2l) & +\ 10\cos(2l''-3l) & -\ 6\cos(2l''-4l) \\
 & -\ 152\sin(2l''-\ l) & +\ 20\sin(2l''+0l) \\
 & -\ 46\cos(2l''-\ l) & -\ 25\cos(2l''+0l) \\
 & +\ 1\sin(2l''-5l) & +\ 0\sin(2l''+\ l) \\
 & -\ 1\cos(2l''-5l) & +\ 2\cos(2l''+\ l)
\end{array}
$$

$$
\begin{array}{rrr}
+\ 1\sin(3l''-3l) & -\ 26\sin(3l''-4l) & -\ 4\sin(3l''-5l) \\
+\ 98\cos(3l''-3l) & +\ 7\cos(3l''-4l) & -\ 6\cos(3l''-5l) \\
 & -\ 89\sin(3l''-2l) & +\ 21\sin(3l''-\ l) \\
 & -\ 32\cos(3l''-2l) & -\ 23\cos(3l''-\ l) \\
 & +\ 1\sin(3l''-6l) & +\ 2\sin(3l''+0l) \\
 & 1\cos(3l''-6l) & +\ 4\cos(3l''+0l)
\end{array}
$$

$$
\begin{array}{llll}
+ \; 1\sin(4l''-4l) & - \; 14\sin(4l''-5l) & - \; 3\sin(4l''-6l) \\
+ \; 36\cos(4l''-4l) & + \; 4\cos(4l''-5l) & - \; 4\cos(4l''-6l) \\
 & - \; 48\sin(4l''-3l) & + \; 16\sin(4l''-2l) \\
 & - \; 17\cos(4l''-3l) & - \; 18\cos(4l''-2l) \\
 & + \; 1\sin(4l''-7l) & + \; 2\sin(4l''-l) \\
 & - \; 1\cos(4l''-7l) & + \; 5\cos(4l''-l);
\end{array}
$$

$$
1000\frac{dR}{de} =
\begin{array}{llll}
 & + \; 86\sin(0l''-l) & + \; 4\sin(0l''-2l) \\
+ \; 30\cos(0l''-0l) & - \; 27\cos(0l''-l) & + \; 5\cos(0l''-2l)
\end{array}
$$

$$
\begin{array}{llll}
- \; 1\sin(l''-l) & + \; 11\sin(l''-2l) & + \; 3\sin(l''-3l) \\
+ \; 24\cos(l''-l) & - \; 5\cos(l''-2l) & + \; 3\cos(l''-3l) \\
 & - \; 65\sin(l''+0l) & + \; 9\sin(l''+l) \\
 & - \; 21\cos(l''+0l) & - \; 11\cos(l''+l) \\
 & - \; 1\sin(l''-4l) & - \; 0\sin(l''+2l) \\
 & + \; 0\cos(l''-4l) & + \; 0\cos(l''+2l)
\end{array}
$$

$$
\begin{array}{llll}
- \; 0\sin(2l''-2l) & - \; 78\sin(2l''-3l) & - \; 18\sin(2l''-4l) \\
- \; 103\cos(2l''-2l) & + \; 21\cos(2l''-3l) & - \; 31\cos(2l''-4l) \\
 & - \; 334\sin(2l''-l) & + \; 70\sin(2l''+0l) \\
 & - \; 96\cos(2l''-l) & + \; 110\cos(2l''+0l) \\
 & + \; 8\sin(2l''-5l) & + \; 3\sin(2l''+l) \\
 & - \; 9\cos(2l''-5l) & + \; 7\cos(2l''+l)
\end{array}
$$

$$
\begin{array}{llll}
+ \; 2\sin(3l''-3l) & - \; 28\sin(3l''-4l) & - \; 10\sin(3l''-5l) \\
- \; 73\cos(3l''-3l) & + \; 8\cos(3l''-4l) & - \; 16\cos(3l''-5l) \\
 & - \; 141\sin(3l''-2l) & + \; 57\sin(3l''-l) \\
 & - \; 38\cos(3l''-2l) & - \; 76\cos(3l''-l) \\
 & + \; 5\sin(3l''-6l) & + \; 8\sin(3l''-0l) \\
 & - \; 6\cos(3l''-6l) & + \; 17\cos(3l''-0l)
\end{array}
$$

$$
\begin{array}{llll}
+ \; 1\sin(4l''-4l) & - \; 6\sin(4l''-5l) & - \; 4\sin(4l''-6l) \\
- \; 41\cos(4l''-4l) & + \; 2\cos(4l''-5l) & - \; 7\cos(4l''-6l) \\
 & - \; 51\sin(4l''-3l) & + \; 34\sin(4l''-2l) \\
 & - \; 12\cos(4l''-3l) & - \; 46\cos(4l''-2l) \\
 & + \; 3\sin(4l''-7l) & + \; 10\sin(4l''-l) \\
 & - \; 3\cos(4l''-7l) & + \; 17\cos(4l''-l)
\end{array}
$$

$$
\begin{array}{rrr}
10000\dfrac{dR}{d\varpi} = & +\ 40\sin(0l''-\ l) & -\ 10\sin(0l''-2l) \\
-\ 4\cos(0l''-0l) & +\ 169\cos(0l''-\ l) & +\ 7\cos(0l''-2l) \\
\\
+\ 15\sin(\ l''-\ l) & +\ 9\sin(\ l''-2l) & -\ 3\sin(\ l''-3l) \\
+\ 1\cos(\ l''-\ l) & -\ 24\cos(\ l''-2l) & -\ 2\cos(\ l''-3l) \\
 & -\ 32\sin(\ l''+0l) & -\ 25\sin(\ l''+\ l) \\
 & +\ 129\cos(\ l''+0l) & -\ 12\cos(\ l''+\ l) \\
 & -\ 1\sin(\ l''-4l) & -\ 5\sin(\ l''+2l) \\
 & -\ 8\cos(\ l''-4l) & +\ 0\cos(\ l''+2l) \\
\\
+\ 9\sin(2l''-2l) & -\ 58\sin(2l''-3l) & +\ 69\sin(2l''-4l) \\
-\ 1\cos(2l''-2l) & -\ 200\cos(2l''-3l) & -\ 43\cos(2l''-4l) \\
 & -\ 197\sin(2l''-\ l) & -\ 226\sin(2l''+0l) \\
 & +\ 710\cos(2l''-\ l) & -\ 142\cos(2l''+0l) \\
 & +\ 20\sin(2l''-5l) & +\ 9\sin(2l''+\ l) \\
 & +\ 18\cos(2l''-5l) & -\ 8\cos(2l''+\ l) \\
\\
-\ 6\sin(3l''-3l) & -\ 28\sin(3l''-4l) & +\ 39\sin(3l''-5l) \\
+\ 6\cos(3l''-3l) & -\ 93\cos(3l''-4l) & -\ 26\cos(3l''-5l) \\
 & -\ 92\sin(3l''-2l) & -\ 157\sin(3l''-\ l) \\
 & +\ 324\cos(3l''-2l) & -\ 119\cos(3l''-\ l) \\
 & +\ 12\sin(3l''-6l) & +\ 31\sin(3l''+0l) \\
 & +\ 12\cos(3l''-6l) & -\ 17\cos(3l''+0l) \\
\\
-\ 5\sin(4l''-4l) & -\ 13\sin(4l''-5l) & +\ 20\sin(4l''-6l) \\
+\ 4\cos(4l''-4l) & -\ 38\cos(4l''-5l) & -\ 14\cos(4l''-6l) \\
 & -\ 37\sin(4l''-3l) & -\ 99\sin(4l''-2l) \\
 & +\ 134\cos(4l''-3l) & -\ 75\cos(4l''-2l) \\
 & +\ 6\sin(4l''-7l) & +\ 33\sin(4l''-\ l) \\
 & +\ 7\cos(4l''-7l) & -\ 19\cos(4l''-\ l);
\end{array}
$$

$$
\begin{aligned}
\delta\varphi + \delta\varepsilon = & -1'',09\,t \\
& +0,13\sin(2l''-2l) \\
& -0,09\sin(2l''-\ l)+0,29\cos(2l''-l) \\
& -0,08\sin(3l''-\ l)-0,08\cos(3l''-l) \\
& +0,63\sin(4l''-\ l)-0,23\cos(4l''-l);
\end{aligned}
$$

δa ne renferme aucun terme sensible.

$$\begin{aligned}
\delta e = {} & 0'',010\,t \\
& -0,06\ \sin l'' \qquad -0'',01\cos l'' \\
& +0,15\ \sin(2l''-l)+0,04\cos(2l''-l) \\
& +0,03\ \sin 2l'' \qquad -0,05\cos 2l'' \\
& -0,05\ \sin(3l''-l)+0,06\cos(3l''-l) \\
& -0,06\ \sin(4l''-l)-0,10\cos(4l''-l)\,;
\end{aligned}$$

$$\begin{aligned}
\delta\varpi = {} & 0'',85\,t \\
& -0,09\ \sin l'' \qquad +0'',27\cos l'' \\
& -0,24\ \sin 2l'' \qquad -0,15\cos 2l'' \\
& +0,20\ \sin(2l''-l)-0,69\cos(2l''-l) \\
& +0,29\ \sin(3l''-l)+0,22\cos(3l''-l) \\
& -0,50\ \sin(4l''-l)+0,28\cos(4l''-l).
\end{aligned}$$

La dernière inégalité comprise dans $\delta\varepsilon + \delta\varepsilon$ doit être appliquée à la longitude moyenne; nous ne l'emploierons pas au calcul des perturbations de la longitude vraie.

Les termes séculaires de δe et $\delta\varpi$ sont les mêmes qu'au n° 44, où nous les avons empruntés à un calcul direct. Enfin les inégalités de la longitude vraie sont les suivantes :

$$\begin{aligned}
\delta v = {} & 0'',21\ \sin(l''-l) \\
& -0,24\ \sin(2l''-2l) \\
& +0,02\ \sin(3l''-3l) \\
& -0,12\ \sin(2l''-l)+0'',39\cos(2l''-l) \\
& +0,05\ \sin(3l''-2l)-0,11\cos(3l''-2l) \\
& -0,08\ \sin(3l''-l)-0,09\cos(3l''-l) \\
& +0,15\ \sin(4l''-2l)+0,15\cos(4l''-2l).
\end{aligned}$$

La Terre ne produit aucune perturbation sensible sur le rayon vecteur et sur la latitude de Mercure.

§ VI.

Perturbations produites par Mars, Jupiter, Saturne et Uranus.

53. Les perturbations produites par Mars sont négligeables à cause de la petitesse de la masse de cette planète. L'action d'Uranus est insensible à cause de la grande distance qui le sépare de Mercure.

34. Les séries relatives aux actions de Jupiter et de Saturne, convergent avec la plus grande rapidité. Elles sont donc très-faciles à former, et je crois pouvoir me dispenser d'entrer, à leur égard, dans les détails avec lesquels j'ai présenté les théories des perturbations produites par Vénus et la Terre. On trouvera, dans le paragraphe suivant, le résumé de toutes les perturbations qui peuvent affecter, d'une manière notable, le mouvement de Mercure : j'y renverrai pour celles qui sont dues à Jupiter et à Saturne, et je me bornerai à donner ici la valeur du terme proportionnel au temps que Jupiter introduit dans la longitude de l'époque, savoir :

$$\delta\varepsilon = -2'',23t.$$

§ VII.

Résumé des expressions provisoires des éléments elliptiques et des perturbations.

35. Longitude moyenne pour le temps moyen t de l'Observatoire de Paris :

$$110^{\circ}\ 13'\ 18'',2 + 5\ 381\ 066'',8655 \times t + 0,000\ 122\ 180 \times t^2.$$

Demi-grand axe :

$$a = 0,387\ 0984.$$

Ce nombre diffère un peu de celui qu'on lit au n° 5 ; cela tient à ce que l'action des différentes planètes diminue de 7 secondes le mouvement sidéral de Mercure. Et ici nous avons tenu compte de cette perturbation, conformément à une remarque du n° 48, tandis qu'il nous était impossible de le faire au moment de la première approximation, lorsque la quantité de chaque perturbation nous était inconnue.

Excentricité e et longitude ϖ du périhélie :

$$e = \frac{0,205\ 617\ 9}{\sin 1''} + 0'',0425 \times t,$$

$$\varpi = 74^{\circ}\ 20'\ 50'',8 + 55'',502 \times t.$$

Inclinaison φ et longitude θ du nœud ascendant, rapportées à l'écliptique vraie :

$$\varphi = 7^\circ\ 0'\ 5'',9 + 0'',0711 \times t,$$
$$\theta = 45.57.9\ ,0 + 42,638 \times t.$$

Perturbations de la longitude moyenne :

Arg. I $\quad 7'',49 \sin (5l' - 2l - 32^\circ 54'),$

Arg. II $\quad 0,67 \sin (4l'' - l - 20.12).$

Perturbations de la longitude vraie :

Arg. III $\quad \begin{cases} - 3'',84 \sin (2l' - l - 74^\circ 27') \\ - 0,52 \sin (4l' - 2l + 30.57). \end{cases}$

Arg. IV $\quad \begin{cases} + 0,73 \sin (l' - l) \\ - 2,15 \sin 2(l' - l) \\ - 0,47 \sin 3(l' - l) \\ + 0,05 \sin 4(l' - l) \\ - 0,10 \sin 5(l' - l), \end{cases}$

Arg. V $\quad - 3,29 \sin (2l^{\text{iv}} - l - 75^\circ 17'),$

Arg. VI $\quad \begin{cases} + 0,65 \sin (l^{\text{iv}} - l) \\ - 0,94 \sin (2l^{\text{iv}} - 2l), \end{cases}$

Arg. VII $\quad - 1,41 \sin (3l' - 2l - 73^\circ 53'),$

Arg. VIII $\quad + 1,41 \sin (5l' - 3l + 33.\ 8),$

Arg. IX $\quad \begin{cases} + 0,30 \sin (l' - 76^\circ 25') \\ + 0,76 \sin (2l' + 31.36) \\ - 0,11 \sin (3l' - 37.53), \end{cases}$

Arg. X $\quad \begin{cases} - 0,57 \sin (l^{\text{v}} + 21^\circ 44') \\ + 0,50 \sin (2l^{\text{v}} + 30.53), \end{cases}$

Arg. XI $\quad \begin{cases} - 0,41 \sin (2l'' - l - 74^\circ 21') \\ + 0,21 \sin (4l'' - 2l + 44.26), \end{cases}$

Arg. XII $\quad - 0,58 \sin (3l' - l + 31.19),$

Arg. XIII $\quad - 0,56 \sin (2l' - 3l + 75.27).$

Arg. XIV $\quad \begin{cases} + 0,21 \sin (l'' - l) \\ - 0,24 \sin 2(l'' - l) \\ + 0,02 \sin 3(l'' - l), \end{cases}$

Arg. XV $\quad - 0,40 \sin (2l^{\text{v}} - l - 74^\circ 21').$

Perturbations du rayon vecteur :

$$\text{Arg. IV}\left\{\begin{array}{l} \ 0{,}000.000.39\cos(l'-l) \\ -\ 0{,}000.001.99\cos 2(l'-l) \\ -\ 0{,}000.000.39\cos 3(l'-l), \end{array}\right.$$

$$\text{Arg. V}\quad -\ 0{,}000.003.00\cos(2l^{\text{IV}}-l-74^\circ 21'),$$

$$\text{Arg. VII}\quad -\ 0{,}000.001.12\cos(3l'-2l-74.44),$$

$$\text{Arg. VIII}\quad +\ 0{,}000.001.22\cos(5l'-3l+28.37).$$

56. Les longitudes moyennes des éléments elliptiques sont comptées à partir de l'équinoxe moyen à l'époque t. Mais les mouvements des arguments des perturbations sont des mouvements sidéraux. On les transformerait aisément en mouvements par rapport à l'équinoxe.

Les perturbations qui, dans les n^{os} (**50**) et (**52**), renfermaient en général le sinus et le cosinus d'un même argument, ne présentent plus ici que des sinus pour la longitude et des cosinus pour le rayon vecteur. C'est une transformation connue.

DEUXIÈME PARTIE.

COMPARAISON DE LA THÉORIE AVEC LES OBSERVATIONS. — ÉLÉMENTS PRÉCIS DU MOUVEMENT HÉLIOCENTRIQUE DE MERCURE. — MASSE DE VÉNUS. — DEMI-DIAMÈTRE DU SOLEIL.

57. Je comparerai la théorie précédente aux différents passages de la planète sur le Soleil, et aux observations méridiennes qui ont été faites à Paris depuis 1801 jusqu'en 1842. Les observations méridiennes se composent de deux séries : l'une comprenant cent cinquante-sept observations faites depuis le 20 avril 1836 jusqu'au 18 août 1842, l'autre comprenant deux cent quarante observations faites depuis le 8 mars 1801 jusqu'au 22 octobre 1828.

§ Ier.

Observations de la première série.

58. L'erreur de collimation de la lunette méridienne, l'erreur en azimut et l'erreur du niveau étant toujours nulles ou fort petites, je me suis dispensé d'y avoir égard, en ayant soin de comparer la planète aux étoiles les plus voisines en déclinaison.

J'ai choisi, *autant qu'il a été possible*, pour déterminer l'heure de la pendule, des étoiles fondamentales, observées par le même astronome qui avait observé Mercure.

J'ai adopté le catalogue des étoiles fondamentales, donné par M. Bessel dans les *Tabulæ Regiomontanæ*.

Les astronomes actuels de Paris observant toujours le bord éclairé de Mercure, j'ai ramené l'observation au centre de la planète, par la connaissance de son diamètre apparent.

Enfin le mouvement propre apparent de Mercure est assez sensible pour qu'il y ait avantage à en tenir compte lorsque, la planète ayant été observée aux deux premiers fils seulement, ou aux deux derniers seulement, on veut ramener l'observation au fil méridien. C'est ce que j'ai fait.

Je ne rapporterai point ici le détail de la réduction des observations, non plus que les positions en ascension droite et en déclinaison. Je renverrai à cet égard au *Journal de Mathématiques*, tome VIII. Mais on trouvera, dans le tableau n° 68, les longitudes et les latitudes qui doivent servir de fondement à nos comparaisons.

59. Les Tables actuelles du Soleil sont assez exactes, et la *Connaissance des Temps* est calculée avec assez de soin, pour qu'on pût emprunter à cet ouvrage les longitudes apparentes du Soleil, aux époques des observations de Mercure. La grande précision des observations, faites actuellement à Paris, m'a toutefois porté à chercher la correction qu'elles indiquaient dans les longitudes du Soleil; et, après l'avoir obtenue par une série de plusieurs jours, prise dans les environs de chaque observation de Mercure, je l'ai ajoutée aux positions données par la *Connaissance des Temps*.

Du grand nombre des observations que j'ai ainsi discutées, il résulte que l'erreur d'une observation de l'ascension droite du Soleil n'est moyennement que de $0^s,06$ de temps, à l'Observatoire de Paris.

Les logarithmes des rayons vecteurs du Soleil ont été empruntés aux Tables de M. Bessel.

J'ai cru pouvoir négliger la petite latitude du Soleil, qui ne peut avoir aucune influence sur le résultat moyen des nombreuses observations que j'ai employées.

Enfin, j'ai adopté la même obliquité moyenne de l'écliptique que M. Bessel.

60. Les déclinaisons ont été observées au cercle entier de Fortin. J'ai calculé la correction de collimation pour chaque observation, au moyen d'étoiles prises dans le voisinage du parallèle de Mercure, et observées par le même astronome qui avait observé la planète. Cette précaution est tout à fait nécessaire, suivant le travail de MM. E. Bouvard et V. Mauvais sur les erreurs individuelles en déclinaison. On peut consulter à ce sujet le Rapport de M. Arago, inséré dans les *Comptes rendus de l'Académie des Sciences*, tome XV, page 944.

Le centre de la planète étant directement observé, il n'y a aucune correction à faire à ce sujet.

Enfin, j'ai corrigé l'observation de l'effet de la parallaxe, d'après la distance calculée de la planète à la Terre, et en supposant la parallaxe horizontale égale à $8'',6$, à la distance moyenne.

61. Pour comparer les positions observées, avec celles qui résultent des éléments provisoires, je calculerai successivement les longitudes et les latitudes géocentriques apparentes par ces éléments et par l'observation; puis je prendrai la différence des résultats. Cette manière d'opérer est celle qui se prête le mieux à la détermination des équations de condition.

Soient v_1 la longitude héliocentrique de Mercure, réduite au plan de l'écliptique; r_1 le rayon vecteur projeté sur l'écliptique; soient ☉ la longitude du Soleil corrigée de l'aberration et de la nutation, R la distance du Soleil à la Terre.

Soit la commutation

$$S = (180 + \odot) - v_1,$$

l'élongation T se calculera par la formule

$$\text{tang } T = \frac{r_1 \sin S}{R - r_1 \cos S}.$$

Puis on aura la longitude géocentrique G, comptée de l'équinoxe moyen, par la formule

$$G = \odot + T.$$

62. La distance accourcie à la Terre s'obtiendra par la formule

$$\Delta_1 = r \frac{\sin S}{\sin T}:$$

elle suffit, avec la connaissance du mouvement diurne de Mercure en longitude géocentrique, au calcul de l'aberration en longitude. Cette correction et la nutation étant ajoutées à G, on obtient la longitude géocentrique apparente L de la planète telle qu'elle est inscrite dans la *quatrième* colonne du tableau n° **65**.

63. La latitude géocentrique vraie B est ensuite donnée par la formule

$$\text{tang } B = \frac{\sin T}{\sin S} \text{tang } \lambda,$$

λ étant la latitude héliocentrique. En ajoutant l'aberration, on obtient la latitude géocentrique apparente Λ, inscrite dans la *septième* colonne du tableau n° **65**.

64. La longitude L' et la latitude Λ' apparentes, correspondantes à l'observation, ont été calculées par les formules

$$\tang \psi = \cot D \sin Æ,$$

$$\tang L' = \frac{\tang Æ \sin(\omega + \psi)}{\sin \psi},$$

$$\sin \Lambda' = \frac{\sin D \cos(\omega + \psi)}{\cos \psi}.$$

On a inscrit les secondes seulement des résultats dans les colonnes 5 et 8 du tableau suivant.

Retranchant enfin les secondes de la longitude et de la latitude fournies par l'observation de celles fournies par les Tables, on obtient les erreurs des Tables en longitude et en latitude, telles qu'elles sont inscrites dans les colonnes 6 et 9 du tableau suivant.

On remarquera que dans ces dernières années les Tables ont souvent donné une longitude plus forte que l'observation. La différence en août 1842 est de 13 à 14 secondes de degré.

Les nombres de la *dixième* colonne sont des numéros d'ordre, qui serviront plus loin à faire reconnaître quelles observations entrent dans chacune des équations de condition.

65. *Tableau de la première série d'observations, et de sa comparaison avec les éléments provisoires.*

ANNÉES.	MOIS et JOURS.	TEMPS MOYEN.	LONGITUDE apparente tabulaire.	SECONDES de la longitude observ.	ERREUR de la longitude tabulaire.	LATITUDE apparente tabulaire.	SECONDES de la latitude observée.	ERREUR de la latitude tabulaire.	N° d'ordre
		h. m. s.	° ′ ″	″	″	° ′ ″	″	″	
1836	Avril 20	11.17.54	18.50. 0,9	52,8	8,1	−1.44.42,1	−46,3	4,2	117
	Mai 12	12.49.11	64.53.33,0	27,8	5,2	1.40.45,3	42,6	2,7	
	13	12.53.32	66.51.21,0	8,7	12,3	1.47.48,9	46,4	2,5	118
	14	12.57.46	68.46.34,7	26,0	8,7	1.54.11,8	9,7	2,1	
	15	13. 1.51	70.39. 5,6	55,9	9,7	1.59.50,8	47,3	3,5	
	18	13.13. 7	75.59.11,4	59,4	12,0	2.12.12,5	12,2	0,3	
	19	13.16.30	77.39.46,9	32,8	14,1	2.14.43,9	45,5	−1,6	
	20	13.19.42	79.17.13,0	3,2	9,8	2.16.25,8	27,4	−1,5	119
	21	13.22.40	80.51.26,2	13,9	12,3	2.17.17,6	19,2	−1,6	
	Juill. 19	10.39.17	96.35.53,7	48,8	4,9	−2.13.51,9	−55,4	3,5	120
	28	10.56.56	108.49.20,2	9,0	11,2	−0. 7. 9,4	−16,4	7,0	121
	Août 30	12.56.21	171.53. 8,7	2,9	5,8	0.42.21,4	23,8	−2,4	122
	31	12.58.20	173.32.40,3	36,3	4,0	0.35.33,4	33,6	−0,2	
	Sept. 26	13.23.13	209.12.46,2	48,0	−1,8	−2.41.28,6	−27,8	−0,8	123
	Nov. 12	10.37.25	212.23.29,6	29,4	0,2	2. 6. 9,3	10,2	−0,9	124
	15	10.41.40	216.39 51,4	52,4	−1,0	1.52.28,2	27,7	0,5	
1837	Mars 10	10.34.34	323.42.11,2	13,9	−2,7	−1.27.39,5	−36,6	−2,9	125
	Avril 1	11.17.25	357.55.12,4	8,7	3,7	−2. 9.42,6	−43,2	0,6	126
	2	11.20. 4	359.44.37,0	33,0	4,0	−2. 6.12,9	−14,0	1,1	
	Mai 17	13.24.38	77.28.49,5	48,8	0,7	1.59.15,7	15,9	−0,2	127
	Juill. 3	10.32. 0	79.54.38,7	34,3	4,4	−2.38.32,1	−30,0	−2,1	128
	4	10.32.54	81. 3.41,1	41,3	−0,2	−2.26.23,4	−25,0	1,6	
	Août 7	12.47.22	144.49.11,3	4,3	7,0	1.36.49,4	43,1	−0,7	129
	14	13. 6.58	157.23. 2,9	49,6	13,3	0.58.27,7	28,7	−1,0	
	18	13.15.19	164. 1.10,9	4,5	6,4	0.36.24,4	25,3	−0,9	130
	19	13.17. 7	165.37. 7,9	5,8	2,1	0.29. 6,2	7,2	−1,0	
	23	13.23.16	171.46.48,2	44,6	3,6	−0. 2. 4,3	−1,3	−3,0	
	25	13.25.45	174.43. 8,3	5,9	2,4	−0.18.36,7	−32,1	4,6	131
	26	13.26.51	176. 9. 9,1	10,9	−1,8	−0.27. 3,4	−59,0	4,4	
	27	13.27.50	177.33.41,7	37,3	4,4	−0.35.36,1	−32,4	3,7	
	Sept. 9	13.31.36	193.19.10,9	11,1	−0,2	−2.28.27,4	−27,4	0,0	
	10	13.31. 2	194.17.17,4	19,0	−1,6	−2.36.37,4	−36,3	−1,1	132
	20	13.14.29	200.50. 3,1	2,7	0,4	−3.40.22,3	−20,7	−1,6	
	23	13. 4. 1	201.14. 8,0	5,9	2,1	−3.47.33,1	−35,7	2,6	133
	Oct. 12	11. 0.44	186.26.23,9	34,2	−10,3	0.11. 6,8	1,5	5,3	134
	Nov. 2	10.54.38	206.25.35,9	31,4	4,5	1.46.11,1	11,3	−0,2	
	6	11. 2.52	212.53. 2,2	59,1	3,1	1.24.38,3	38,6	−0,3	135
	Déc. 15	12.45.18	274.46.10,6	10,4	0,2	−2. 9.50,6	−46,3	−4,3	136
	29	13.22. 9	295.58.14,3	16,9	−2,6	−1.43.43,9	−41,0	−2,9	137
	31	13.25.11	298.26.14,5	15,0	−0,5	1.28.42,5	44,1	1,6	

Tableau de la première série d'observations, et de sa comparaison avec les éléments provisoires. (Suite.)

ANNÉES.	MOIS et JOURS.	TEMPS MOYEN.	LONGITUDE apparente tabulaire.	SECONDES de la longitude observ.	ERREUR de la longitude tabulaire.	LATITUDE apparente tabulaire.	SECONDES de la latitude observée.	ERREUR de la latitude tabulaire.	N° d'ordre
		h. m. s.	° ′ ″	″	″	° ′ ″	″	″	
1858	Févr. 7	10.29.34	292.53.46,2	56,0	− 9,8	1.22.19,4	21,0	−1,6	138
	Mars 1	10.51.26	318.39. 8,5	13,0	− 4,5	−1.43.37,6	−42,9	5,3	139
	21	11.39.47	352. 3. 9,0	57,5	11,5	−1.58.19,1	−15,7	−3,4	141
	Avril 10	12.46.11	32.20.47,8	37,8	10,0	0.52.55,0	51,5	3,5	142
	Juin 1	10.43.25	51.42.20,5	14,7	5,8	−3.52. 8,9	− 3,7	−5,2	143
	8	10.27.38	54.38.56,3	57,5	− 1,2	−3.52.17,5	−19,0	1,5	144
	Août 11	13.38.31	162.56.19,1	15,3	3,8	−0.12.17,9	−17,8	−0,1	
	12	13.39.26	164.18.26,3	24,4	1,9	−0.21.22,1	−19,7	−2,4	145
	13	13.40.12	165.38.46,7	42,7	4,0	−0.30.35,8	−36,3	0,5	
	14	13.40.52	166.57.17,9	12,1	5,8	−0.39.58,6	−54,8	−3,8	
	15	13.41.23	168.13.57,0	53,2	3,8	−0.49.28,9	−24,2	−4,7	146
	16	13.41.47	169.28.40,5	37,5	3,0	−0.59. 6,6	− 5,6	−1,0	
	22	13.41.18	176.12.23,3	21,6	1,7	−1.58.11,5	− 9,4	−2,1	147
	28	13.35. 3	181.22.51,1	50,1	1,0	−2.56.11,7	− 5,2	−6,5	148
	31	13.29. 8	183. 9.49,7	48,6	1,1	−3.22.26,7	−27,7	1,0	
	Sept. 1	13.26.40	183.37.20,1	21,6	− 1,5	−3.30.31,8	−31,7	−0,1	149
	4	13.17.34	184.30.30,1	31,3	− 1,2	−3.51.40,2	−41,0	0,8	
	Oct. 3	10.45.42	172. 0. 0,2	1,5	− 1,3	1. 9. 1,2	58,1	3,1	150
	4	10.45.12	172.51.32,5	30,2	2,3	1.19.43,9	40,0	3,9	
	10	10.49.42	180.15.58,2	53,1	5,1	1.56.11,1	10,5	0,6	151
	14	10.56.55	186.31. 6,1	0,6	5,5	1.58.42,9	44,2	−1,3	
	18	11. 5.27	193.11.32,4	27,4	5,0	1.49.20,8	21,1	−0,3	152
	22	11.14.24	199.59.16,4	8,8	7,6	1.32. 3,2	0,1	3,1	
	Déc. 14	13.21.44	281.57. 2,3	1,8	0,5	−2. 2.33,0	−33,2	0,2	153
	16	13.24. 4	284.18.17,5	18,4	− 0,9	−1.50.32,3	−33,1	0,8	
1859	Janv 16	10.37. 6	274. 9.42,6	55,9	−13,3	2.42.37,1	40,8	−3,7	154
	18	10.32.13	274.51. 3,2	15,7	−12,5	2.23.57,4	59,2	−1,8	
	Fév. 27	11.31.37	326.31.17,5	21,0	− 3,5	−2. 8.29,4	−30,2	0,8	155
	Mars 1	11.37. 3	329.58.18,9	18,9	0,0	−2. 8.55,6	−58,7	3,1	
	2	11.39.48	331.43.25,3	25,9	− 0,6	−2. 8.28,8	−26,8	−2,0	
	3	11.42.35	333.29.36,7	34,3	2,4	−2. 7.34,7	−34,3	−0,4	156
	4	11.45.23	335.16.54,1	51,6	2,5	−2. 6.12,5	−12,3	−0,2	
	5	11.48.14	337. 5.17,2	13,6	3,6	−2. 4.22,1	−21,3	−0,8	
	Avril 7	13.11.34	36.14.51,3	46,6	4,7	2.39.13,8	10,3	3,5	157
	11	13. 8. 6	39.28.55,0	58,9	− 3,9	2.59.17,8	17,3	0,5	
	Mai 27	10.20.24	40.43.27,3	26,6	0,7	−3.24.11,5	− 9,3	−2,2	
	29	10.21. 7	42.58.33,9	27,6	6,3	−3.16.23,5	−21,5	−2,0	158
	30	10.21.47	44.10.39,4	36,2	3,2	−3.11.19,6	−18,3	−1,3	
	Juin 7	10.34.20	55.30.39,2	36,7	2,5	−2.11.52,2	−48,4	−3,8	159

Tableau de la première série d'observations, et de sa comparaison avec les éléments provisoires. (Suite.)

ANNÉES.	MOIS et JOURS.	TEMPS MOYEN.	LONGITUDE apparente tabulaire.	SECONDES de la longitude observ.	ERREUR de la longitude tabulaire.	LATITUDE apparente tabulaire.	SECONDES de la latitude observée.	ERREUR de la latitude tabulaire.	N° d'ordre
		h. m. s	° ′ ″	″	″	° ′ ″	″	″	
1839	Juin 12	10.49. 7	64. 5. 3,1	53,8	9,3	−1.20.45,7	−48,1	2,4	
	13	10.52.46	65.55.52,4	43,7	8,7	−1. 9.43,6	−46,6	3,0	160
	14	10.56.38	67.49.14,6	5,7	8,9	−0.58.31,2	−33,1	1,9	
	17	11. 9.33	73.43.47,5	34,1	13,4	−0.24.27,0	−30,4	3,4	161
	20	11.24.17	79.57.20,9	5,1	15,8	0. 9. 0,3	58,9	1,4	
	Juillet 16	13.27.28	132.39.44,4	36,3	8,1	1.26.57,9	58,6	−0,7	162
	17	13.30. 8	134.20. 0,5	51,9	8,6	1.21.29,8	29,0	0,8	
	Août 2	13.50. 8	156.36. 8,8	4,8	4,0	−0.56.10,9	− 3,6	−7,3	163
	5	13.49.10	159.43.25,6	21,4	4,2	−1.29. 0,3	−54,0	−6,3	164
	8	13.46.33	162.25.29,1	25,6	3,5	−2. 2.42,3	−37,3	−5,0	
	13	13.37.56	165.48.32,1	27,1	5,0	−2.58.37,7	−33,7	−4,0	165
	Sept. 16	10.50. 6	155.18.53,0	52,6	0,4	0.13.10,9	5,0	5,9	166
	Déc. 7	13.15.11	274. 0.35,1	46,3	−11,2	−1.19.35,7	−37,8	2,1	167
1840	Avril 25	10.33.40	12. 7.58,4	58,1	0,3	−1.56.39,8	−41,0	1,2	168
	29	10.25.38	13.58.12,8	11,0	1,8	−2.32.42,5	−42,0	−0,5	
	30	10.24.12	14.36. 1,2	2,8	− 1,6	−2.39.42,9	−39,5	−3,4	169
	Mai 1	10.22.59	15.17.36,6	35,4	1,2	−2.45.55,4	−52,0	−3,4	
	2	10.21.58	" " "	"	"	−2.51.22,4	−17,5	−4,9	
	Juin 1	11.10.52	59.44.42,3	25,6	16,7	−0.44. 0,1	− 2,8	2,7	170
	2	11.15.18	61.47.53,4	38,4	15,0	−0.33.10,5	−15,8	5,3	
	16	12.30.15	92.10.33,5	18,1	15,4	1.35.36,9	34,0	2,9	171
	20	12.51. 8	100.29.47,9	30,6	17,3	1.51.51,9	50,6	1,3	
	21	12.56. 0	102.30. 2,8	48,2	14,6	1.54. 3,9	2,7	1,2	
	22	13. 0.40	104.28.17,8	0,2	17,6	1.55.30,9	31,0	−0,1	172
	23	13. 5.11	106.24.29,3	15,3	14,0	1.56.14,4	14,4	0,0	
	Juill. 15	13.54.19	139.44. 1,6	58,8	2,8	−0.17.50,6	−48,3	−2,3	173
	16	13.54.16	142.47.20,7	12,6	8,1	−0.29. 4,9	− 3,2	−1,7	
	Août 31	10.50.34	1[illegible].59.12,2	15,5	− 3,3	−0.16. 4,0	− 7,3	3,3	174
	Sept. 6	10.56.50	147.13.43,8	39,4	4,4	1. 2. 8,7	7,4	1,3	175
	Oct. 9	12.20.47	205.12.31,4	26,2	5,2	0. 2.39,0	42,6	−3,6	176
	10	12.22.45	206.49. 4,1	1,7	2,4	−0. 4.14,9	−13,0	−1,9	
	14	12.30.28	213. 8.23,5	20,6	2,9	−0.31.55,6	−54,9	0,7	177
	24	12.49. 8	228.12.31,1	26,0	5,1	−1.37.17,0	−14,1	−2,9	178
	30	12.59.57	235.43.52,8	54,7	− 1,9	−2. 9.44,5	−45,2	0,7	179
1841	Mars 11	12.58.21	5.18.31,6	37,8	− 6,2	" " "	"	"	180
	Avril 27	10.26.30	11.41. 0,8	56,3	4,5	−2.50.26,8	−31,0	4,2	
	28	10.27.40	13. 4.31,8	31,0	0,8	−2.50. 1,2	− 2,2	1,0	181
	30	10.30.22	15.57.45,6	43,9	2,7	−2.47.26,7	−23,3	−3,4	
	Mai 1	10.31.54	17.27.26,7	25,9	0,8	−2.45.18,5	−17,8	−0,7	
	11	10.54.16	34.13. 9,8	2,4	7,4	−1.54.30,1	−31,4	1,3	182

Tableau de la première série d'observations, et de sa comparaison avec les éléments provisoires. (Fin.)

ANNÉES.	MOIS et JOURS.		TEMPS MOYEN.	LONGITUDE apparente tabulaire.	SECONDES de la longitude observ.	ERREUR de la longitude tabulaire.	LATITUDE apparente tabulaire.	SECONDES de la latitude observée.	ERREUR de la latitude tabulaire.	N° d'ordre
			h. m. s.	° ′ ″	″	″	° ′ ″	″	″	
1841	Mai	14	11. 3.49	39.53.28,6	18,5	10,1	−1.29.48,6	−50,5	1,9	183
		17	11.14.51	45.51.13,9	59,8	14,1	−1. 1.39,3	−43,1	3,8	
	Juin	17	13.36.53	108. 4.31,5	23,3	8,2	1.49.34,8	34,6	0,2	184
		28	13.53. 0	122.21.24,4	22,5	1,9	0.25. 6,4	7,8	−1,4	185
	Août	19	10.52.42	128.21. 8,4	4,1	4,3	0. 1. 7,4	0,8	6,6	186
		20	10.54.39	129.44.53,2	47,6	5,6	0.14.34,0	28,3	5,7	
	Sept.	21	12.29.11	187.54.32,7	25,9	6,8	0.36. 7,0	6,7	0,3	187
	Déc.	2	10.27.33	229.44.10,7	8,5	2,2	2.27.41,2	42,6	−1,4	188
		11	10.33.35	240.11.17,3	17,7	− 0,4	1.32.55,5	55,6	−0,1	189
1842	Févr.	6	13.11.20	331.44.27,8	26,1	1,7	−0.54.23,9	−30,6	6,7	190
		8	13.15.26	335. 2.25,1	18,7	6,4	−0.33.35,7	−38,1	2,4	
		15	13.21.13	344.36.22,8	22,2	0,6	1. 0.40,0	39,2	0,8	191
	Avril	8	10.29. 7	351.55.28,0	31,5	− 3,5	−2.25. 7,6	− 6,2	−1,4	
		9	10.30.11	353.15.34,3	40,3	− 6,0	−2.28.17,2	−12,6	−4,6	192
		10	10.31.20	354.37.35,7	38,3	− 2,6	−2.30.54,9	−52,0	−2,9	
		11	10.32.35	356. 1.29,0	32,7	− 3,7	−2.33. 1,0	−55,8	−5,2	
		17	10.42. 0	5. 2.11,0	9,8	1,2	−2.34.32,5	−30,4	−2,1	
		18	10.43.53	6.38.20,3	20,0	0,3	−2.32.56,9	−54,2	−2,7	
		19	10.45.52	8.16.11,9	10,0	1,9	−2.30.49,9	−50,6	0,7	193
		20	10.47.57	9.55.45,5	45,7	− 0,2	−2.28.11,7	−12,7	1,0	
		22	10.52.25	13.20. 0,4	59,1	1,3	−2.21.20,8	−22,0	1,2	194
		23	10.54.48	15. 4.41,7	35,2	6,5	−2.17. 8,8	− 9,6	0,8	
	Mai	2	11.21.35	32. 5. 1,7	54,8	6,9	−1.17. 4,7	−59,3	−5,4	195
		17	12.28.48	64.13.22,0	8,0	14,0	1.12.30,6	26,3	4,3	
		18	12.33.47	66.20.40,7	30,9	9,8	1.21. 8,0	3,8	4,2	196
		19	12.38.41	68.26.21,6	5,2	16,4	1.29.12,3	7,8	4,5	
	Juin	3	13.35.26	94.55.25,7	13,9	11,8	2. 3. 5,5	4,8	0,7	197
		6	13.41. 9	98.55. 4,0	55,0	9,0	1.48.49,3	53,0	−3,7	198
		7	13.42.34	100. 8.39,8	30,7	9,1	1.42.33,0	36,0	−3,0	
		11	13.45.37	104.30.12,4	4,0	8,4	1.10.12,3	11,1	1,2	199
		13	13.45.30	106.20.15,6	9,9	5,7	0.49.50,0	50,4	−0,4	
	Août	10	11.10.50	123.42.22,4	12,5	9,9	0.48.34,0	29,7	4,3	
		12	11.18.53	127.30.12,2	58,9	13,3	1. 6.46,2	45,1	1,1	200
		14	11.27.17	131.25.58,5	43,2	15,3	1.21.28,2	24,0	4,2	
		15	11.31.32	133.25.52,8	42,1	10,7	1.27.29,1	27,0	2,1	
		16	11.35.46	135.26.37,8	22,9	14,9	1.32.36,7	33,5	3,2	201
		17	11.39.58	137.27.54,4	37,9	16,5	1.36.52,4	49,9	2,5	
		18	11.44. 8	139.29.24,3	8,0	16,3	1.40.16,8	13,8	3,0	

§ II.

Observations de la seconde série.

66. Les ascensions droites ont été calculées comme au nº **58**, avec cette seule différence qu'ici c'est le centre de la planète qui a été observé. Je n'ai apporté à cet égard aucune réduction à l'observation.

Les positions du Soleil ont été déduites des Tables, rectifiées par leur comparaison avec les observations.

Les déclinaisons ont été observées jusqu'en 1822 avec le quart de cercle de Bird; et depuis cette époque, avec le cercle entier de Fortin. J'ai trouvé plus commode, pendant toute cette période d'observations, de déterminer la correction de collimation de l'instrument par les observations du Soleil. J'y ai apporté beaucoup de soin, et la parfaite concordance des résultats que j'ai déduits de cette marche m'a montré qu'elle donnait autant de précision que l'emploi des étoiles. L'exactitude du cercle de Fortin est connue. Mais le quart de cercle de Bird me paraît être aussi un excellent instrument, propre encore, avec les soins convenables, à donner de très-bons résultats.

Le tableau des observations de cette série, et de leur comparaison avec les Tables, est disposé comme celui des observations de la première série.

67. *Tableau de la seconde série d'observations, et de sa comparaison avec les éléments provisoires.*

ANNÉES.	MOIS et JOURS.	TEMPS MOYEN.	LONGITUDE apparente tabulaire.	SECONDES de la longitude observ.	ERREUR de la longitude tabulaire.	LATITUDE apparente tabulaire.	SECONDES de la latitude observée.	ERREUR de la latitude tabulaire.	N° d'ordre
		h. m. s.	° ′ ″			° ′ ″			
1801	Mars 8	13.12.24	4.39.23″	26″	— 3″	1. 4.21″,0	25″,8	—4″,8	1
	Juin 18	13.12.49	103. 8.14	15	— 1	1.59. 3,5	1,2	2,3	
	19	13.16.52	104.58. 2	59	3	1.58.31,8	29,7	2,1	2
	20	13.20.43	106.45.32	27	5	1.57.17,8	10,3	7,5	
	28	13.44. 7	119.42. 8	8	0	1.23.52,5	0,1	—7,6	
	29	13.46. 6	121. 8.34	33	1	1.17. 1,0	54,9	6,1	3
	30	13.47.53	122.32.39	35	4	1. 9.35,5	36,2	—0,7	
	Juill. 1	13.49.27	123.54.17	12	5	1. 1.39,6	38,6	1,0	
	2	13.50.49	125.13.22	18	4	0.53.13,3	16,9	—3,6	
	7	13.54.25	131.10. 3	51	12	0. 4. 0,0	1,6	—1,6	
	8	13.54.29	132.12.54	48	6	—0. 7. 7,3	— 3,5	—3,8	4
	Août 18	10.58.11	129. 2.20	19	1	—2.14.23,4	—24,3	0,9	
	19	10.55.34	129.17. 9	7	2	—1.56.37,5	—37,6	0,1	
	20	10.53.27	129.39.41	41	0	—1.38.57,6	— 0,1	2,5	
	21	10.51.52	130. 9.55	50	5	—1.21.19,0	—17,1	—1,9	5
	22	10.50.47	130.47.47	46	1	—1. 4. 3,7	— 3,0	—0,7	
	23	10.50.12	131.33.11	5	6	—0.47.14,9	—13,9	—1,0	
	25	10.50.26	133.25.35	30	5	—0.15.21,7	—21,3	—0,4	
	26	10.51.13	134.32. 4	59	5	—0. 0.28,8	—26,2	—2,6	
	27	10.52.24	135.44.58	54	4	0.13.35,0	37,8	—2,8	6
	28	10.53.58	137. 3.52	53	— 1	0.26.46,2	47,9	—1,7	
	29	10.55.51	138.28.20	15	5	0.39. 0,9	5,1	—4,2	
	30	10.58. 2	139.57.56	52	4	0.50.16,5	″	″	7
	Sept. 1	11. 3. 9	143.10.23	17	6	1. 9.45,5	48,0	—2,5	
	5	11.15.19	150.14.18	13	5	1.36.23,0	18,7	4,3	8
	6	11.18.34	152. 5.37	32	5	1.40.34,1	35,1	—1,0	
1802	Juin 11	13.37.35	103.17.58	51	7	1.53.57,0	59,0	—2,0	
	12	13.39.56	103.44.42	40	2	1.49.19,2	20,0	—0,8	11
	14	13.43.56	106.29.48	46	2	1.37.57,8	1,0	—3,2	
	15	13.45.35	107.48. 5	59	6	1.31.16,2	17,3	—1,1	
	16	13.47. 0	109. 3.26	22	4	1.23.54,4	55,7	—1,3	12
	19	13.49.46	112.31.34	26	8	0.58. 0,3	3,7	—3,4	
	20	13.50.11	113.34.42	36	6	0.48. 8,4	11,2	—2,8	13
	21	13.50.21	114.34.31	26	5	0.37.40,2	43,1	—2,9	
	23	13.50.15	115.31. 4	2	2	0.26.41,1	43,2	—2,1	
	27	13.45.43	119.20.41	33	8	—0.36. 8,1	— 3,6	—4,5	
	29	13.41.54	120.25.33	32	1	—1. 4.18,0	—12,5	—5,5	14
	Août 4	10.48.20	112.55.51	59	— 8	—2.17.27,7	—24,2	—3,5	
	5	10.47.15	113.34.17	22	— 5	—2. 1.12,4	—10,2	—2,2	16
	7	10.46.28	115.10.33	37	— 4	—1.28.46,0	—38,1	—7,9	
	9	10.47.27	117.11.57	57	0	—0.57. 4,3	—59,8	—4,5	

Tableau de la seconde série d'observations, et de sa comparaison avec les éléments provisoires. (Suite.)

ANNÉES.	MOIS et JOURS.	TEMPS MOYEN.	LONGITUDE apparente tabulaire.	SECONDES de la longitude observée	ERREUR de la longitude tabulaire.	LATITUDE apparente tabulaire.	SECONDES de la latitude observée.	ERREUR de la latitude tabulaire.	N° d'ordre
		h. m. s.	° ′ ″	″	″	° ′ ″	″	″	
1802	Août 14	10.56.42	123.55.32	30	2	0.14.16,1	17,6	−1,5	
	15	10.59.31	125.31.12	4	8	0.26.34,3	36,2	−1,9	
	16	11. 2.36	127.11. 4	1	3	0.38. 4,5	3,9	0,6	17
	18	11. 9.22	130.41.43	37	6	0.58.30,2	31,2	−1,0	
	20	11.16.46	134.24. 7	5	2	1.15.17,6	21,9	−4,3	
	21	11.20.35	136.18.38	28	10	1.22.17,9	20,2	−2,3	
	22	11.24.29	138.14.48	44	4	1.28.21,9	27,3	−5,4	18
	23	11.28.23	140.12.12	4	8	1.33.30,5	32,5	−2,0	
	Sept. 17	12.41.34	186.29.39	39	0	0.23. 3,9	9,6	−5,7	
	18	12.43.27	188. 7.35	35	0	0.16. 6,1	10,1	−4,0	19
	19	12.45.15	189.44.30	30	0	0. 9. 1,3	6,1	−4,8	
	20	12.47. 1	191.20.28	29	−1	0. 1.51,7	56,6	−4,9	
	24	12.53.36	197.34.43	48	−5	−0.27.22,7	−22,6	−0,1	
	25	12.55. 8	199. 5.58	3	−5	−0.34.46,2	−47,9	1,7	20
	26	12.56.38	200.36.14	14	0	−0.42.10,1	−7,5	−2,6	
	30	13. 2.14	206.28. 7	11	−4	−1.11.31,1	−1,4	0,3	
	Oct. 1	13. 3.32	207.53.43	45	−2	−1.18.44,2	−46,1	1,9	21
	3	13. 6. 2	210.41.54	54	0	−1.32.56,0	−58,3	2,3	
	16	13.16.46	226.50.23	23	0	−2.48.27,7	−21,5	−6,2	22
	17	13.16.56	227.52.10	13	−3	−2.52.12,2	−10,6	−1,6	
	22	13.14.58	232.14.37	36	1	−3. 2.59,5	−3,8	4,3	23
1803	Août 2	11. 6.24	114.39.57	53	4	0.26.34,1	36,2	−2,0	
	3	11.10.26	116.31.18	15	3	0.37.30,3	33,2	−2,9	24
	Sept. 7	13. 4.40	181.57.56	59	−3	0. 0.55,4	56,3	−0,9	25
1804	Juill. 14	10.53.20	94.59.48	46	2	−0.33. 7,4	−8,4	1,0	
	17	11. 5.13	100.26.19	15	4	0. 4. 5,6	5,5	0,1	26
	18	11. 9.38	102.21. 9	3	6	0.15.41,6	40,2	1,4	
	Août 26	13.23.47	175.14. 9	10	−1	−0.16.26,1	−24,4	−1,7	27
	Sept. 6	13.31.16	189.45.54	56	−2	−1.51. 1,1	−15,3	4,2	28
	9	13.31. 9	193. 6.48	46	2	−2.16.23,7	−22,6	−1,1	
	13	13.29. 8	197. 1.51	53	−2	−2.48.13,8	−14,0	0,2	29
	14	13.28.14	197.53.40	43	−3	−2.55.38,3	−39,3	1,0	
1805	Avril 9	12.37. 3	28.45.58	58	0	0.27.42,7	44,3	−1,6	
	10	12.40.36	30.48. 1	1	0	0.38.57,9	57,9	0,0	
	12	12.47.31	34.46.42	34	8	1. 1.16,3	18,6	−2,3	31
	13	12.50.51	36.42.45	41	4	1.12. 9,6	10,9	−1,3	
	Août 2	13.20. 7	148. 8.32	32	0	1. 6.40,5	45,8	−5,3	
	3	13.22.24	149.48.11	12	−1	1. 0.18,0	25,4	−7,4	32
	11	13.35.46	162. 6.47	50	−3	−0. 1.16,9	−12,0	−4,9	33

Tableau de la seconde série d'observations, et de sa comparaison avec les éléments provisoires. (Suite.)

ANNÉES.	MOIS et JOURS.		TEMPS MOYEN.	LONGITUDE apparente tabulaire.	SECONDES de la longitude observée	ERREUR de la longitude tabulaire.	LATITUDE apparente tabulaire.	SECONDES de la latitude observée.	ERREUR de la latitude tabulaire.	N° d'ordre
			h. m. s.	° ′ ″	″	″	° ′ ″	″	″	
1805	Août	25	13.39.30	179. 2.54	52	2	−2.13.41,7	−44,2	2,5	34
		26	13.38.43	179.58.41	37	4	−2.23.19,4	−17,0	−2,4	
	Oct.	13	10.51.18	183.53.46	46	0	1.59.55,0	59,8	−4,8	35
		19	11. 3.12	193.38.17	13	4	1.50.41,2	43,6	−2,4	36
		13	11.12. 0	200.23.15	11	4	1.33.33,9	37,9	−4,0	
1806	Avril	8	13.11.51	37.18. 6	5	1	2.36. 0,2	0,2	0,0	37
		9	13.11.49	38.20. 5	3	2	2.42.37,9	38,6	−0,7	
	Juin	18	11. 7.22	74. 7.50	43	7	−0.27. 5,8	− 4,4	−1,4	38
	Juill.	18	13.28.12	134.49.17	16	1	1.22.12,3	13,1	−0,8	39
	Sept.	21	10.49.13	159.58.50	49	1	1. 3.25,5	28,5	−3,0	40
	Nov.	7	12.31.16	236.29.47	54	− 7	−1.25. 1,3	−56,0	−5,3	41
		8	12.33.33	238. 0.46	53	− 7	−1.30.41,1	−37,0	−4,1	
1807	Mars	22	13.12.16	19.31.53	49	4	2.12.47,7	47,8	−0,1	
		24	13.11.17	21.30.22	26	− 4	2.33.49,5	52,0	−2,5	42
		26	13. 8.39	″ ″ ″	″	″	2.51.40,2	40,3	−0,1	
	Mai	21	10.29.43	37. 0.42	43	− 1	−2.41. 1,7	− 0,2	−1,5	
		22	10.31.36	38.33.22	23	− 1	−2.34.48,8	−49,3	0,5	
		23	10.33.39	40. 8.24	21	3	−2.28. 5,0	− 7,5	2,5	43
		24	10.35.53	41.45.46	47	− 1	−2.20.51,0	−53,1	2,1	
		26	10.40.52	45. 7.37	33	4	−2. 4.59,3	−59,3	0,0	
	Juin	24	12.58.28	104.51.36	28	8	1.54.42,7	33,7	9,0	44
		29	13.19.21	114.16. 3	59	4	1.51.53,1	45,8	7,3	45
		30	13.22.57	116. 2.37	32	5	1.49.18,6	17,3	1,3	
	Juill.	9	13.46.23	130.25. 6	4	2	1. 0.13,5	14,8	−1,3	
		10	13.48. 1	131.50. 3	0	3	0.52.14,3	14,8	−0,5	
		11	13.49.27	133.12.44	46	− 2	0.43.48,7	48,1	0,6	46
		12	13.50.42	134.33. 6	6	0	0.34.58,2	55,5	2,7	
		13	13.51.45	135.51. 9	6	3	0.25.42,7	38,2	4,5	
		17	13.54. 3	140.38.55	56	− 1	−0.14.58,3	−58,3	0,0	
		19	13.54. 1	142.47. 9	9	0	−0.37.15,6	−16,7	1,1	47
		22	13.52.23	145.37.55	53	2	−1.12.40,8	−41,3	0,5	
1808	Févr.	21	12.56.29	342.40.45	49	− 4	−0.55. 8,9	−12,2	3,3	
		22	12.59. 8	344.31.14	19	− 5	−0.45.37,0	−40,3	3,3	48
		25	13. 6.23	349.54.39	41	− 2	−0.13.15,9	−19,4	3,5	
	Mars	6	13.15. 5	3.58.50	51	− 1	2. 0.13,5	11,0	2,5	
		7	13.13.55	4.49.43	48	− 5	2.13.26,5	22,0	4,5	49
		8	13.12.16	5.32.35	40	− 5	2.26.12,2	6,8	5,4	
		9	13.10. 8	6. 7.13	22	− 9	2.38. 9,9	7,8	2,1	
	Mai	2	10.30.29	18. 6.54	55	− 1	−2.47.30,0	−37,3	7,3	50
		3	10.32. 3	19.37.10	15	− 5	−2.44.49,9	−59,7	9,8	

Tableau de la seconde série d'observations, et de sa comparaison avec les éléments provisoires. (Suite.)

ANNÉES.	MOIS et JOURS.	TEMPS MOYEN.	LONGITUDE apparente tabulaire.	SECONDES de la longitude observée	ERREUR de la longitude tabulaire.	LATITUDE apparente tabulaire.	SECONDES de la latitude observée.	ERREUR de la latitude tabulaire.	N° d'ordre
		h. m. s.	° ′ ″	″	″	° ′ ″	″	″	
1808	Mai 14	10.58.17	38.23.46	44	2	−1.40.52,9	−0,1	7,2	
	15	11. 1.35	40.18.16	15	1	−1.32.14,2	−15,9	1,7	51
	16	11. 5. 2	42.14.43	36	7	−1.23.11,8	−11,4	−0,4	
	17	11. 8.41	44.13.10	11	−1	−1.13.48,4	−49,9	1,5	
	Juill. 8	13.46.23	130.51.39	35	4	−1.24. 1,8	−1,0	−0,8	
									52
	10	13.41.55	131.50.44	42	2	−1.52. 9,4	−8,3	−1,1	
	13	13.33. 0	132.46.45	48	−3	−2.35. 5,2	−5,2	0,0	
	Sept. 26	12.34.28	194.51.25	26	−1	0.10.28,5	33,9	−5,4	54
	Oct. 6	12.51.35	210.21.41	45	−4	−1. 0.40,0	−37,0	−3,0	55
1809	Mai 26	13. 4.24	80.44.51	46	5	2. 1.58,8	56,0	2,8	56
	Juin 2	13.29.36	92.42. 1	57	4	2. 7.57,4	56,2	1,2	57
1810	Mai 10	12.58.16	64.34.26	22	4	1.54. 2,3	0,0	2,3	58
	20	13.28.25	80.38.50	46	4	2.19.21,4	18,2	3,2	59
	30	13.33.40	90.38.12	15	−3	″ ″ ″	″	″	60
	Août 22	12.51.58	161.15.17	15	2	1. 9.47,8	49,0	−1,2	
	23	12.54.24	163. 0. 4	8	−4	1. 4. 3,5	9,1	−5,6	61
	24	12.56.43	164.43.31	36	−5	0.58. 1,6	6,1	−4,5	
	26	13. 1. 0	168. 6.23	22	1	0.45.10,4	10,3	0,1	
1811	Janv. 11	13.24.43	308.34. 3	9	−6	−1.10.49,7	−52,6	2,9	62
	12	13.25.56	309.52.48	49	−1	″ ″ ″	″	″	
	Mars 18	10.57.58	337. 1. 1	10	−9	−2.14.34,0	−31,5	−2,5	63
	23	11. 9. 7	345.14.25	31	−6	−2.17.48,2	−46,7	−1,5	64
	26	11.16.25	350.26.17	21	−4	−2.14. 7,3	−6,8	−0,5	
	27	11.18.58	352.12.55	0	−5	−2.11.55,4	−54,8	−0,6	65
	28	11.21.34	354. 0.56	52	4	−2. 9.13,5	−11,0	−2,5	
	Sept. 3	13.35. 0	186.58.42	45	−3	−2.12.43,1	−40,2	−2,9	
	5	13.33.56	188.57. 9	6	3	−2.30.16,0	−15,0	−1,0	
	6	13.33.10	189.52.21	22	−1	−2.38.49,1	−45,0	−4,1	66
	7	13.32.13	190.44.38	39	−1	−2.47.10,9	−8,4	−2,5	
	8	13.31. 6	191.33.49	46	3	−2.55.20,0	−21,5	1,5	
	10	13.28.16	193. 1.53	59	−6	−3.10.46,1	−43,3	−2,8	67
	11	13.26.30	193.40.18	21	−3	−3.17.59,0	−54,7	−4,3	
1812	Juill. 25	13.20.35	140.23. 6	5	1	1.20.40,0	43,5	−3,5	68
	Août 1	13.35.32	151.39.52	48	4	0.33.23,0	25,2	−2,2	69
	23	13.35.57	176.34.37	31	6	−2.59. 9,3	−7,6	−1,7	
	25	13.31.43	177.42.11	6	5	−3.17.55,8	−51,5	−4,3	70
1813	Juill. 7	13.16.54	121.39.24	20	4	1.46.26,2	24,4	1,8	71
	29	13.51.35	153.10. 1	59	2	−1. 5.21,9	−20,2	−1,7	
	30	13.51. 7	154. 9.41	38	3	−1.16.40,8	−41,2	0,4	72
	31	13.50.28	155. 6.28	28	0	−1.28. 8,9	−7,9	−1,9	

Tableau de la seconde série d'observations, et de sa comparaison avec les éléments provisoires. (Suite.)

ANNÉES.	MOIS et JOURS.	TEMPS MOYEN.	LONGITUDE apparente tabulaire.	SECONDES de la longitude observée	ERREUR de la longitude tabulaire	LATITUDE apparente tabulaire.	SECONDES de la latitude observée.	ERREUR de la latitude tabulaire.	N° d'ordre
		h. m. s.	° ′ ″	″	″	° ′ ″	″	″	
1815	Août 3	13.47.17	157.38.25	24	1	—2. 3. 9,4	— 6,7	—2,7	73
	Sept. 20	11. 0.12	161.56.10	10	0	1.39.36,9	38,4	—1,5	74
1817	Mai 7	13.10.28	65. 0.25	20	5	2.13.32,8	31,2	1,6	75
1818	Sept. 4	13.28.35	187. 6.23	29	— 6	—3.19.27,5	—31,0	3,5	76
1819	Avril 6	13. 7.23	33.44.53	50	3	1.56.42,0	38,8	3,2	
	8	13.10.13	36.36.28	28	0	2.15.32,5	29,8	2,7	77
	9	13.11.12	37.54.40	41	— 1	2.23.56,4	57,8	—1,4	
	10	13.11.52	39. 7.30	36	— 6	2.31.33,8	32,6	1,2	
1820	Mars 20	13. 9.34	17.18.25	25	0	1.31.37,9	45,8	—7,9	78
	Mai 23	10.29.47	39.56.39	38	1	—2.38.53,2	—53,8	0,6	79
	Juin 28	13. 8.56	111.41. 8	58	10	1.54.32,8	39,1	—6,3	80
	29	13.12.59	113.33.14	6	8	1.53.24,2	23,3	0,9	
	Juill. 11	13.46.30	133.15.12	9	3	0.54.10,8	10,9	—0,1	81
	16	13.52.23	139.55.56	59	— 3	0. 9.15,8	13,7	2,1	
1821	Juin 19	13.31.11	108.25.31	17	14	1.53.10,4	9,4	1,0	82
	Août 21	10.50.11	129.37.31	32	— 1	—0.21.43,2	—41,9	—1,3	
	22	10.51.12	130.47. 3	2	1	—0. 6.49,8	—48,7	—1,1	83
	23	10.52.36	132. 2.41	42	— 1	0. 7.18,9	24,3	—5,4	
	Déc. 10	10.27. 0	237.20.40	39	1	" " "	"	"	84
1822	Févr. 15	13.18.13	343.16.11	9	2	0. 8.59,5	55,4	4,1	85
	22	13.16.59	351. 7.17	20	— 3	1.51.15,3	15,3	0,0	86
	Juin 1	13.18.22	89. 8.20	14	6	2. 8.35,5	32,8	2,7	87
	6	13.34. 9	97.10.19	8	11	2. 2. 5,9	3,3	2,6	
	7	13.36.39	98.38.11	6	5	1.58.30,5	27,6	2,9	88
	9	13.40.57	101.25.12	6	6	1.49. 7,6	7,0	0,6	
	13	13.46.37	106.23.12	2	10	1.21.46,4	47,2	—0,8	89
	18	13.47.56	111.23.11	11	0	0.32.32,3	34,7	—2,4	
1825	Avril 10	10.57.26	1.23.12	10	2	—2.22.54,8	—53,8	—1,0	90
	11	10.59.44	3. 6.31	32	— 1	—2.20.24,1	—25,7	1,6	
	Mai 24	13.32. 6	84.54.59	50	9	2.13.20,4	22,5	—2,1	91
	29	13.37. 1	90.28.25	24	1	1.46.53,0	49,5	3,5	
	Août 24	12.48.32	162.16.42	39	3	1.11.16,2	18,6	—2,4	92
	25	12.50.59	164. 2. 5	1	4	1. 5.38,4	40,5	—2,1	
	26	12.53.19	165.46. 6	59	7	0.59.42,2	40,7	1,5	93
	29	12.59.43	170.50.24	23	1	0.40.23,3	27,6	—4,3	
	Sept. 2	13. 6.56	177.18.22	17	5	0.11.44,8	47,6	—2,8	
	4	13.10. 4	180.25. 0	1	— 1	—0. 3.28,4	—28,9	0,5	94
	5	13.11.30	181.56.30	30	0	—0.11.15,5	—14,3	—1,2	
	8	13.15.23	186.23.41	38	3	—0.35. 5,8	—10,7	4,9	
	9	13.16.32	187.50.15	14	1	—0.43. 9,1	— 8,5	—0,6	95
	10	13.17.37	" " "	"	"	—0.51.15,1	—14,4	—0,7	
	11	13.18.38	190.39.39	41	— 2	—0.59.21,7	—22,0	0,3	

Tableau de la seconde série d'observations, et de sa comparaison avec les éléments provisoires. (Fin.)

ANNÉES.	MOIS et JOURS.	TEMPS MOYEN.	LONGITUDE apparente tabulaire.	SECONDES de la longitude observée	ERREUR de la longitude tabulaire.	LATITUDE apparente tabulaire.	SECONDES de la latitude observée.	ERREUR de la latitude tabulaire.	N° d'ordre
		h. m. s.	° ′ ″	″	″	° ′ ″	″	″	
1824	Avril 20	12.33. 5	39.26.35	39	— 4	0.42.38,8	30,3	8,5	96
	21	12.37. 4	41.30.45	40	5	0.53.23,4	16,8	6,6	
	29	13. 5.41	56.40.41	28	13	2. 5.24,2	23,3	0,9	97
	30	13. 8.36	58.20.12	13	— 1	1.44.35,6	41,0	—5,4	
	Juill 12	11. 0.51	95. 3. 2	55	7	—0.13.13,7	—16,3	2,6	98
	17	11.24. 7	104.53.42	33	9	0.42.29,7	26,6	3,1	99
	20	11.39.33	111.10. 9	59	10	1. 8.48,9	46,6	2,3	
	Août 7	12.57. 5	147.32.11	10	1	1.28.12,5	12,6	—0,1	100
	11	13. 7.51	154.36.53	52	1	1. 7.34,1	32,4	1,7	
	26	13.31. 8	177.38.42	44	— 2	—0.47.40,4	—43,6	3,2	101
	27	13.31.52	178.58.50	51	— 1	—0.56.31,1	—34,8	3,7	
1825	Avril 3	12.32. 7	21.11. 7	2	5	0. 0.35,0	30,3	4,7	102
	4	12.35.37	23.14.20	19	1	0.11.41,4	31,2	10,2	
	5	12.39. 4	25.16.33	32	1	0.22.58,0	48,9	9,1	103
	7	12.45.49	29.16.44	39	5	0.45.44,4	35,9	8,5	
	8	12.49. 4	31.13.55	53	2	0.57. 4,9	59,1	5,8	
	9	12.52.14	33. 8.44	40	4	1. 8.16,5	10,6	5,9	
	Août 23	13.39.16	177. 8.31	30	1	—2.23.24,9	—27,8	2,9	104
	24	13.37.56	177.55.27	28	— 1	—2.43.14,7	—14,2	—0,5	
1826	Juill. 1	12.39. 6	107. 6.51	50	1	1.46.58,1	56,1	2,0	105
	2	12.44. 6	109.10.30	24	6	1.49.22,2	17,7	4,5	
	3	12.48.57	111.12.29	19	10	1.51. 2,0	1,7	0,3	
	4	12 53.37	" " "	"	"	1.51.56,4	57,3	—0,9	
	18	12.39.19	137.53. 3	59	4	1. 0.45,7	49,1	—3,4	106
	26	13.49.50	149. 5.22	25	— 3	—0. 8.18,5	—18,2	—0,3	107
	29	13.51. 2	152.42.10	14	— 4	—0.39. 4,0	— 2,9	—1,1	
	Août 2	13.50.11	156.56.58	3	— 5	—1.22.54,0	—58,9	4,9	108
	Sept. 17	10.50.15	156.15.57	58	— 1	0.57.16,8	14,9	1,9	109
	22	10.57.45	163.14.59	55	4	1.38.43,4	45,8	—2,4	110
	23	10.59.55	154.51.30	25	5	1.43.33,3	34,7	1,6	
1827	Avril 30	10.22. 2	13. 4. 1	1	0	—2.44.37,4	—38,0	0,6	111
	Juin 1	11.18.26	60.48.59	46	13	—0.29.23,4	—30,7	7,3	112
	Juill. 7	13.50.15	129.38.13	13	0	0.48.44,8	47,1	—2,3	113
	18	13.52.15	141.39.40	34	6	—1. 9.45,1	—41,5	—3,6	114
	Oct. 17	12.40.59	218.12. 4	6	— 2	—1. 1.40,6	—36,0	4,6	115
1828	Oct. 19	13.14.55	229.55.42	39	3	—2.41.33,2	—31,2	—2,0	116
	21	13.15.54	232. 7. 8	8	0	—2.48.48,1	—51,0	2,9	
	22	13.16.11	233. 9 12	9	3	—2.51.45,5	—46,8	1,3	

§ III.

Équations de condition, déduites des erreurs géocentriques des Tables provisoires.

68. Désignons par G la longitude géocentrique comptée de l'équinoxe moyen ; par v_1 la longitude héliocentrique réduite à l'écliptique. La variation de G, correspondante à de petites variations δv_1 et δr_1 des coordonnées héliocentriques, sera donnée par la formule

$$\delta G = \frac{r_1}{\Delta_1} \cos(v_1 - G)\,\delta v_1 + \frac{\sin(v_1 - G)}{\Delta_1}\,\delta r_1,$$

Δ_1 étant la distance accourcie à la Terre.

L'expression de r_1 étant égale à $r\cos\lambda$, on obtiendra, en ayant égard à la variation de la latitude,

$$\delta r_1 = \delta r - 2\sin^2\frac{1}{2}\lambda\,\delta r - r\sin\lambda\,\delta\lambda;$$

or on reconnaît, à la grandeur des erreurs en longitude et en latitude, que les deux derniers termes de cette formule ne peuvent influer sur la valeur de δG. En sorte qu'on peut réduire δr_1 à δr.

On conclut v_1 de v par la formule suivante :

$$v_1 = v - \operatorname{tang}^2\frac{1}{2}\varphi\sin 2(v - \theta);$$

d'où l'on déduit

$$\delta v_1 = \delta v - 2\operatorname{tang}^2\frac{1}{2}\varphi\cos 2(v - \theta)\,\delta v - \operatorname{tang}\frac{1}{2}\varphi\sin 2(v - \theta)\,\delta\varphi$$
$$+ 2\operatorname{tang}^2\frac{1}{2}\varphi\cos 2(v - \theta)\,\delta\theta.$$

L'influence des trois derniers termes sur δG est insensible, et l'on peut réduire ainsi δv_1 à δv. En sorte qu'en posant pour abréger

$$\frac{r_1}{\Delta_1}\cos(v_1 - G) = \alpha,$$

$$\frac{\sin(v_1 - G)}{\Delta_1} = \beta,$$

on aura simplement

$$\delta G = \alpha\delta v + \beta\delta r.$$

69. Le demi-grand axe est assez bien connu, par l'approximation qu'on possède du moyen mouvement, pour qu'il soit inutile de le faire varier dans l'expression de δr.

Soient, en désignant l'anomalie moyenne par ζ,

$$M = -a\left\{\left(e - \frac{3}{8}e^3\right)\sin\zeta + \left(e^2 - \frac{2}{3}e^4\right)\sin 2\zeta + \frac{9}{8}e^3\sin 3\zeta + \frac{4}{3}e^4\sin 4\zeta\right\},$$

$$N = \quad a\left\{e - \left(1 - \frac{9}{8}e^2\right)\cos\zeta - \left(e - \frac{4}{3}e^3\right)\cos 2\zeta - \frac{9}{8}e^2\cos 3\zeta - \frac{4}{3}e^3\cos 4\zeta\right\}.$$

On aura pour la variation du rayon, en fonction des corrections δn, $\delta\varepsilon$, δe et $\delta\varpi$ du moyen mouvement annuel, de la longitude de l'époque, de l'excentricité, et de la longitude du périhélie,

$$\delta r = -Mt.\delta n - M\,\delta\varepsilon + M\,\delta\varpi + N\,\delta e;$$

δe s'obtiendra en secondes de degré comme δn, $\delta\varepsilon$ et $\delta\varpi$.

70. Posons de même

$$P = -\left(2e - \frac{1}{4}e^3\right)\cos\zeta - \left(\frac{5}{2}e^2 - \frac{11}{12}\,e\right)\cos 2\zeta - \frac{13}{4}e^3\cos 3\zeta - \frac{103}{24}e^4\cos 4\zeta,$$

$$Q = -\left(2 - \frac{3}{4}e^2\right)\sin\zeta - \left(\frac{5}{2}\,e - \frac{11}{6}\,e^3\right)\sin 2\zeta - \frac{13}{4}e^2\sin 3\zeta - \frac{103}{23}e^3\sin 4\zeta,$$

et nous trouverons l'expression suivante de la correction de la longitude héliocentrique v :

$$\delta v = (1 - P)t.\delta n + (1 - P)\delta\varepsilon + P\delta\varpi - Q\delta e.$$

71. Substituant les valeurs de δr et de δv dans l'expression de δG, et posant

$$P\alpha + M\beta = H,$$
$$-Q\alpha + N\beta = K,$$

nous obtiendrons l'équation

$$\delta G = (\alpha - H)t.\delta n + (\alpha - H)\,\delta\varepsilon + K\delta e + H\delta\varpi.$$

72. Par la variation des éléments, la longitude tabulaire L doit devenir égale à la longitude observée L'. On a donc la relation

$$L + \delta G - L' = o,$$

qui, en y mettant pour δG sa valeur, fournit l'équation de condition suivante, entre l'erreur L — L' des Tables en longitude, et les corrections des éléments elliptiques,

$$(\alpha - H)t . \delta n + (\alpha - H) . \delta \varepsilon + K . \delta e + H . \delta \varpi + (L - L') = o.$$

73. Les erreurs L — L' sont assez petites pour qu'on puisse les considérer, pendant plusieurs jours consécutifs, comme variant proportionnellement au temps; et l'approximation qui suffit pour les coefficients $(\alpha - H)t$, $\alpha - H$, H et K, autorise à les considérer aussi comme variant proportionnellement au temps pendant les mêmes jours. Cette remarque permet, quand on a plusieurs observations consécutives, d'en déduire l'erreur moyenne correspondante à la moyenne des temps des observations, et ainsi de n'avoir qu'une seule équation de condition, qu'on calcule avec la position moyenne de la planète. Il faut ensuite donner à l'équation dont la constante a été déterminée par plusieurs observations, une influence proportionnelle au nombre de ces observations.

Les accolades qui, dans les tableaux 65 et 67, embrassent plusieurs erreurs consécutives en longitude, indiquent celles de ces erreurs qui correspondent à une même équation de condition. Le numéro d'ordre, placé en face de chaque accolade, dans la dernière colonne de ces tableaux, a été répété en avant de chacune des équations de condition suivantes.

74. *Équations de condition, déduites des erreurs des Tables provisoires, en longitude.*

N° d'ordre.	NOMBRE d'observations.	ÉQUATIONS DE CONDITION.
		PREMIÈRE SÉRIE.
117	1	10,50 δn + 0,289 δε − 0,497 δe − 0,051 δϖ + 8″,1 = 0
118	4	9,93 + 0,273 + 0,085 − 0,106 + 9,0 = 0
119	4	6,65 + 0,183 + 0,105 − 0,089 + 12,0 = 0
120	1	− 0,18 − 0,005 + 0,245 − 0,078 + 4,9 = 0
121	1	7,67 + 0,210 + 0,134 − 0,092 + 11,2 = 0
122	2	8,43 + 0,230 + 0,485 + 0,031 + 4,9 = 0
123	1	1,21 + 0,033 + 0,218 + 0,070 − 1,8 = 0
124	2	5,46 + 0,148 + 0,409 + 0,038 − 0,4 = 0
125	1	3,94 + 0,106 − 0,342 + 0,051 − 2,7 = 0
126	2	9,68 + 0,260 − 0,526 − 0,009 + 3,8 = 0
127	1	− 5,27 − 0,141 − 0,212 − 0,119 + 0,7 = 0
128	2	1,50 + 0,040 + 0,084 − 0,086 + 2,1 = 0
129	1	10,57 + 0,281 + 0,530 − 0,030 + 7,0 = 0
130	3	8,24 + 0,219 + 0,485 + 0,017 + 7,3 = 0
131	4	6,18 + 0,164 + 0,404 + 0,041 + 2,2 = 0
132	2	0,56 + 0,015 + 0,329 + 0,050 − 0,9 = 0
133	2	− 9,71 − 0,257 + 0,583 + 0,053 + 1,2 = 0
134	1	− 16,04 − 0,425 + 0,616 + 0,122 − 10,3 = 0
135	2	7,98 + 0,211 + 0,465 + 0,039 + 3,8 = 0
136	1	6,64 + 0,175 − 0,245 + 0,080 + 0,2 = 0
137	2	3,31 + 0,087 − 0,373 + 0,038 − 1,6 = 0
138	1	− 2,90 − 0,076 − 0,269 + 0,071 − 9,8 = 0
139	1	6,47 + 0,170 − 0,336 + 0,064 − 4,5 = 0
141	1	10,57 + 0,277 − 0,550 − 0,010 + 11,5 = 0
142	1	11,02 + 0,288 − 0,214 − 0,103 + 10,0 = 0
143	1	− 12,03 − 0,313 − 0,034 − 0,184 + 5,8 = 0
144	1	− 5,08 − 0,132 + 0,005 − 0,125 − 1,2 = 0
145	3	5,11 + 0,132 + 0,417 + 0,020 + 3,2 = 0
146	3	4,02 + 0,104 + 0,405 + 0,023 + 4,2 = 0
147	1	0,77 + 0,020 + 0,397 + 0,005 + 1,7 = 0

Équations de condition, déduites des erreurs des Tables provisoires, en longitude. (Suite.)

N° d'ordre.	NOMBRE d'observations.	ÉQUATIONS DE CONDITION.
148	2	− 4,33 δn − 0,112 $\delta \varepsilon$ + 0,492 δe + 0,018 $\delta \varpi$ + 1″,0 = 0
149	2	− 8,15 − 0,211 + 0,604 + 0,015 − 1,3 = 0
150	2	− 1,43 − 0,037 + 0,410 + 0,017 + 0,5 = 0
151	2	6,98 + 0,180 + 0,463 − 0,010 + 5,3 = 0
152	2	9,04 + 0,233 + 0,510 + 0,020 + 6,3 = 0
153	2	2,50 + 0,064 − 0,297 + 0,058 − 0,2 = 0
154	2	− 7,15 − 0,183 − 0,247 + 0,094 − 12,9 = 0
155	1	9,35 + 0,239 − 0,477 + 0,044 − 3,5 = 0
156	5	10,07 + 0,257 − 0,522 + 0,026 + 1,6 = 0
157	2	− 3,02 − 0,077 − 0,455 − 0,069 + 0,4 = 0
158	3	1,58 + 0,040 − 0,196 − 0,081 + 3,4 = 0
159	1	7,18 + 0,182 − 0,233 − 0,077 + 2,5 = 0
160	3	10,45 + 0,265 − 0,213 − 0,097 + 9,0 = 0
161	2	12,86 + 0,326 − 0,106 − 0,118 + 14,6 = 0
162	2	8,53 + 0,216 + 0,451 − 0,031 + 8,3 = 0
163	1	1,78 + 0,045 + 0,417 − 0,006 + 4,0 = 0
164	2	− 0,87 − 0,022 + 0,443 − 0,010 + 3,8 = 0
165	1	− 5,82 − 0,147 + 0,550 − 0,022 + 5,0 = 0
166	1	− 3,66 − 0,092 + 0,467 + 0,008 + 0,4 = 0
167	1	− 8,02 − 0,201 − 0,065 + 0,108 − 11,2 = 0
168	1	− 10,24 − 0,254 − 0,536 − 0,109 + 0,3 = 0
169	3	− 5,41 − 0,134 − 0,414 − 0,085 + 0,5 = 0
170	2	13,56 + 0,336 − 0,178 − 0,125 + 15,8 = 0
171	2	13,25 + 0,327 + 0,294 − 0,105 + 16,4 = 0
172	3	11,65 + 0,288 + 0,358 − 0,084 + 15,4 = 0
173	2	0,81 + 0,020 + 0,386 − 0,041 + 5,4 = 0
174	1	− 1,46 − 0,036 + 0,425 − 0,023 − 3,3 = 0
175	1	6,18 + 0,152 + 0,350 − 0,053 + 4,4 = 0
176	2	9,16 + 0,225 + 0,358 + 0,076 + 3,8 = 0
177	1	8,59 + 0,211 + 0,267 + 0,087 + 2,9 = 0
178	1	4,61 + 0,113 + 0,176 + 0,069 + 5,1 = 0
179	1	6,21 + 0,152 − 0,031 + 0,093 − 1,9 = 0
180	1	− 13,24 − 0,321 − 0,778 + 0,014 − 6,2 = 0
181	4	5,74 + 0,139 − 0,407 − 0,030 + 2,2 = 0

Équations de condition, déduites des erreurs des Tables provisoires, en longitude. (Suite.

N° d'ordre.	NOMBRE d'observations.	ÉQUATIONS DE CONDITION.
182	1	$10,69\,\delta n + 0,258\,\delta\varepsilon - 0,416\,\delta e - 0,062\,\delta\varpi + 7'',4 = 0$
183	2	$12,16 + 0,294 - 0,393 - 0,077 + 12,1 = 0$
184	1	$6,76 + 0,163 + 0,297 - 0,065 + 8,2 = 0$
185	1	$0,17 + 0,004 + 0,290 - 0,072 + 1,9 = 0$
186	2	$4,99 + 0,120 + 0,282 - 0,062 + 5,0 = 0$
187	1	$14,00 + 0,336 + 0,470 - 0,048 + 6,8 = 0$
188	1	$-0,80 - 0,019 + 0,219 + 0,069 + 2,2 = 0$
189	1	$5,62 + 0,134 + 0,280 + 0,069 - 0,4 = 0$
190	2	$8,42 + 0,200 - 0,470 - 0,023 + 4,0 = 0$
191	1	$0,59 + 0,014 - 0,407 - 0,004 + 0,6 = 0$
192	4	$5,12 + 0,121 - 0,427 + 0,002 - 3,9 = 0$
193	4	$8,53 + 0,202 - 0,464 - 0,015 + 0,8 = 0$
194	2	$9,98 + 0,236 - 0,474 - 0,030 + 3,9 = 0$
195	1	$13,19 + 0,311 - 0,439 - 0,077 + 6,9 = 0$
196	3	$13,90 + 0,328 + 0,038 - 0,119 + 13,4 = 0$
197	1	$4,97 + 0,117 + 0,173 - 0,079 + 11,8 = 0$
198	2	$2,42 + 0,057 + 0,151 - 0,081 + 9,0 = 0$
199	2	$-1,96 - 0,046 + 0,134 - 0,099 + 7,0 = 0$
200	3	$11,94 + 0,280 + 0,288 - 0,093 + 12,9 = 0$
201	4	$13,19 + 0,309 + 0,408 - 0,084 + 14,6 = 0$
		DEUXIÈME SÉRIE.
1	1	$0,17\,\delta n + 0,142\,\delta\varepsilon - 0,343\,\delta e - 0,053\,\delta\varpi - 3'',0 = 0$
2	3	$0,36 + 0,246 + 0,348 - 0,073 + 2,3 = 0$
3	5	$0,17 + 0,118 + 0,343 - 0,049 + 2,8 = 0$
4	2	$0,02 + 0,014 + 0,353 - 0,056 + 9,0 = 0$
5	6	$-0,24 - 0,149 + 0,547 - 0,026 + 2,5 = 0$
6	5	$0,13 + 0,082 + 0,330 - 0,048 + 3,6 = 0$
7	1	$0,30 + 0,183 + 0,331 - 0,063 - 2,5 = 0$
8	2	$0,44 + 0,259 + 0,431 - 0,062 + 5,0 = 0$
11	3	$0,29 + 0,120 + 0,242 - 0,071 + 3,7 = 0$
12	2	$0,17 + 0,070 + 0,229 - 0,072 + 5,0 = 0$

Équations de condition, déduites des erreurs des Tables provisoires, en longitude. (Suite.)

N° d'ordre.	NOMBRE d'observations.	ÉQUATIONS DE CONDITION.
13	4	$-\ 0{,}03\,\delta n - 0{,}013\,\delta\varepsilon + 0{,}226\,\delta e - 0{,}085\,\delta\varpi + 5'',2 = 0$
14	2	— 0,42 — 0,167 + 0,295 — 0,121 + 4,5 = 0
16	4	— 0,57 — 0,220 + 0,047 + 0,111 — 4,2 = 0
17	4	0,54 + 0,205 + 0,253 — 0,079 + 4,8 = 0
18	4	0,75 + 0,282 + 0,367 — 0,083 + 6,0 = 0
19	4	0,60 + 0,223 + 0,424 + 0,057 — 0,2 = 0
20	3	0,53 + 0,194 + 0,314 + 0,075 — 3,3 = 0
21	3	0,45 + 0,165 + 0,212 + 0,083 — 2,0 = 0
22	2	0,10 + 0,037 + 0,081 + 0,079 — 1,5 = 0
23	1	— 0,19 — 0,067 + 0,143 + 0,082 + 1,0 = 0
24	2	0,96 + 0,267 + 0,208 — 0,098 + 3,5 = 0
25	1	0,75 + 0,204 + 0,418 + 0,051 — 3,0 = 0
26	3	1,17 + 0,258 + 0,057 — 0,103 + 4,0 = 0
27	1	0,79 + 0,170 + 0,407 + 0,043 — 1,0 = 0
28	2	0,30 + 0,064 + 0,314 + 0,053 + 0,0 = 0
29	2	— 0,09 — 0,019 + 0,331 + 0,052 — 2,5 = 0
31	4	1,56 + 0,296 — 0,211 — 0,105 + 3,0 = 0
32	2	1,23 + 0,221 + 0,485 — 0,005 — 0,5 = 0
33	1	0,87 + 0,155 + 0,432 + 0,020 — 3,0 = 0
34	2	— 0,02 — 0,003 + 0,400 + 0,027 + 3,0 = 0
35	1	0,98 + 0,169 + 0,454 — 0,007 + 0,0 = 0
36	2	1,32 + 0,228 + 0,508 + 0,021 + 4,0 = 0
37	2	0,21 + 0,034 — 0,319 — 0,097 + 1,5 = 0
38	1	1,97 + 0,305 — 0,139 — 0,112 + 7,0 = 0
39	1	1,42 + 0,217 + 0,456 — 0,028 + 1,0 = 0
40	1	0,59 + 0,087 + 0,390 — 0,022 + 1,0 = 0
41	2	1,36 + 0,199 + 0,043 + 0,100 — 7,0 = 0
42	2	— 0,32 — 0,044 — 0,427 — 0,039 + 0,0 = 0
43	5	1,36 + 0,184 — 0,324 — 0,060 + 0,8 = 0
44	1	2,19 + 0,293 + 0,365 — 0,084 + 8,0 = 0
45	2	1,79 + 0,240 + 0,399 — 0,060 + 4,5 = 0
46	5	0,89 + 0,118 + 0,387 — 0,035 + 1,2 = 0
47	3	0,04 + 0,005 + 0,402 — 0,038 + 0,3 = 0
49	4	— 0,72 — 0,088 — 0,482 — 0,010 — 5,0 = 0

Équations de condition, déduites des erreurs des Tables provisoires, en longitude. (Suite.)

N° d'ordre.	NOMBRE d'observations.	ÉQUATIONS DE CONDITION.
50	2	$1,32\,\delta n + 0,158\,\delta\varepsilon - 0,402\,\delta e - 0,0366\,\delta\varpi - 3'',0 = 0$
51	4	2,39 + 0,286 − 0,397 − 0,077 + 2,2 = 0
52	3	− 1,78 − 0,209 + 0,443 − 0,110 + 1,0 = 0
54	1	1,97 + 0,225 + 0,409 + 0,065 − 1,0 = 0
55	1	1,65 + 0,188 + 0,226 + 0,086 − 4,0 = 0
56	1	2,42 + 0,257 + 0,186 − 0,096 + 5,0 = 0
57	1	1,50 + 0,159 + 0,201 − 0,079 + 4,0 = 0
58	1	2,68 + 0,259 + 0,059 − 0,104 + 4,0 = 0
59	1	0,89 + 0,086 + 0,045 − 0,086 + 4,0 = 0
60	1	− 1,35 − 0,130 − 0,057 − 0,125 − 3,0 = 0
61	4	2,60 + 0,244 + 0,509 + 0,015 − 1,5 = 0
62	2	1,10 + 0,100 − 0,407 + 0,023 − 3,5 = 0
63	1	2,24 + 0,200 − 0,449 + 0,036 − 9,0 = 0
64	2	2,69 + 0,240 − 0,511 + 0,011 − 5,0 = 0
65	2	2,86 + 0,254 − 0,524 + 0,001 − 0,5 = 0
66	4	0,02 + 0,002 + 0,360 + 0,043 − 0,5 = 0
67	3	− 0,91 − 0,078 + 0,411 + 0,041 − 2,0 = 0
68	1	2,90 + 0,231 + 0,485 − 0,020 + 1,0 = 0
69	1	2,22 + 0,176 + 0,452 + 0,002 + 4,0 = 0
70	2	− 1,58 − 0,125 + 0,517 + 0,007 + 5,5 = 0
71	1	3,40 + 0,251 + 0,436 − 0,053 + 4,0 = 0
72	3	− 0,01 − 0,001 + 0,427 − 0,019 + 1,7 = 0
73	1	− 0,99 − 0,073 + 0,471 − 0,022 + 1,0 = 0
74	1	2,65 + 0,193 + 0,420 − 0,041 + 0,0 = 0
75	1	3,26 + 0,188 + 0,031 − 0,091 + 5,0 = 0
76	1	− 2,35 − 0,126 + 0,490 + 0,028 − 6,0 = 0
77	4	1,79 + 0,093 − 0,227 − 0,071 − 1,0 = 0
78	1	2,83 + 0,140 − 0,292 − 0,064 + 0,0 = 0
79	1	3,26 + 0,160 − 0,306 − 0,063 + 1,0 = 0
80	2	5,48 + 0,267 + 0,401 − 0,069 + 9,0 = 0
81	2	2,30 + 0,112 + 0,396 − 0,030 + 0,0 = 0
82	1	4,19 + 0,195 + 0,328 − 0,064 + 14,0 = 0
83	3	1,38 + 0,064 + 0,323 − 0,049 − 0,5 = 0
84	1	1,27 + 0,058 + 0,238 + 0,067 + 1,0 = 0

Équations de condition, déduites des erreurs des Tables provisoires, en longitude. (Fin.)

N° d'ordre.	NOMBRE d'observations.	ÉQUATIONS DE CONDITION.
85	1	$3,14\delta n + 0,142\delta\varepsilon - 0,412\delta e - 0,028\delta\varpi + 2'',0 = 0$
86	1	$-2,04 - 0,092 - 0,468 + 0,011 - 3,0 = 0$
87	1	$4,81 + 0,215 + 0,223 - 0,084 + 6,0 = 0$
88	3	$2,76 + 0,123 + 0,209 - 0,075 + 7,3 = 0$
89	2	$-0,31 - 0,014 + 0,183 - 0,090 + 5,0 = 0$
90	2	$5,40 + 0,232 - 0,496 - 0,010 + 0,5 = 0$
91	2	$0,45 + 0,019 + 0,031 - 0,092 + 5,0 = 0$
92	2	$6,01 + 0,254 + 0,525 + 0,009 + 3,5 = 0$
93	2	$5,64 + 0,238 + 0,502 + 0,023 + 4,0 = 0$
94	3	$4,69 + 0,198 + 0,418 + 0,048 + 1,3 = 0$
95	4	$3,94 + 0,166 + 0,349 + 0,059 + 0,7 = 0$
96	2	$7,76 + 0,319 - 0,176 - 0,113 + 0,5 = 0$
97	2	$4,72 + 0,194 - 0,021 - 0,093 + 6,0 = 0$
98	1	$6,35 + 0,259 + 0,023 - 0,104 + 7,0 = 0$
99	2	$8,00 + 0,326 + 0,188 - 0,113 + 9,5 = 0$
100	2	$6,35 + 0,258 + 0,519 - 0,013 + 1,0 = 0$
101	2	$3,23 + 0,131 + 0,374 + 0,044 - 1,5 = 0$
102	3	$7,93 + 0,314 - 0,324 - 0,098 + 2,3 = 0$
103	3	$7,00 + 0,277 - 0,213 - 0,099 + 3,7 = 0$
104	2	$-1,28 - 0,050 + 0,447 + 0,014 + 0,0 = 0$
105	3	$8,40 + 0,317 + 0,383 - 0,089 + 5,7 = 0$
106	1	$4,70 + 0,177 + 0,434 - 0,023 + 4,0 = 0$
107	2	$2,02 + 0,076 + 0,412 - 0,011 - 3,5 = 0$
108	1	$0,03 + 0,001 + 0,430 - 0,014 - 5,0 = 0$
109	1	$1,44 + 0,054 + 0,387 - 0,022 - 1,0 = 0$
110	2	$5,00 + 0,187 + 0,422 - 0,038 + 4,5 = 0$
111	1	$-2,36 - 0,086 - 0,401 - 0,073 + 0,0 = 0$
112	1	$9,02 + 0,329 - 0,232 - 0,111 + 13,0 = 0$
113	1	$2,95 + 0,107 + 0,367 - 0,042 + 0,0 = 0$
114	1	$-1,60 - 0,058 + 0,414 - 0,056 + 6,0 = 0$
115	1	$5,47 + 0,197 + 0,185 + 0,092 - 2,0 = 0$
116	3	$1,38 + 0,048 + 0,042 + 0,081 + 2,0 = 0$

75. La latitude héliocentrique λ est donnée par la formule

$$\tan \lambda = \sin (v_1 - \theta) \tan \varphi,$$

qui fournit par la différentiation, en réduisant δv_1 à δv, et en considérant $\cos \lambda$ et $\cos \varphi$ comme égaux à l'unité,

$$\delta\lambda = \sin (v_1 - \theta)\, \delta\varphi - \tan \varphi \cos (v_1 - \theta)\, \delta\theta + \tan \varphi \cos (v_1 - \theta)\, \delta v.$$

En multipliant les deux membres par $\frac{r_1}{\Delta_1}$, on obtiendra l'expression de la variation $\delta\Lambda$ de la latitude géocentrique; et, en substituant cette variation dans la relation

$$\Lambda + \delta\Lambda - \Lambda' = 0,$$

on aura l'équation de condition

$$\frac{r_1}{\Delta_1} \sin (v_1 - \theta)\, \delta\varphi - \frac{r_1}{\Delta_1} \tan \varphi \cos (v_1 - \theta)\, \delta\theta + (\Lambda - \Lambda') + \frac{r_1}{\Delta_1} \tan \varphi \cos (v_1 - \theta)\, \delta v = 0.$$

76. Le dernier terme de cette équation n'est pas toujours négligeable; en sorte qu'en remplaçant δv par sa valeur (n° **70**), on aurait à considérer simultanément les corrections des six constantes n, ε, e, ϖ, φ et θ. J'ai préféré déterminer des valeurs très-approchées des quatre premières corrections, au moyen des équations de condition du n° **74**. J'ai pu calculer par leur moyen la correction δv de la longitude héliocentrique, et obtenir ainsi la petite variation qu'il faut apporter à l'erreur en latitude $\Lambda - \Lambda'$, pour n'avoir plus dans les équations que deux inconnues, la correction de l'inclinaison et la correction de la longitude du nœud.

C'est ainsi qu'ont été déterminées les équations de condition suivantes, qu'on trouvera disposées comme celles du n° **74**.

77. *Équations de condition, déduites des erreurs des Tables provisoires, en latitude.*

N° d'ordre	NOMBRE d'observations.	ÉQUATIONS DE CONDITION.
		PREMIÈRE SÉRIE.
117	1	$-0,249\,\delta\varphi - 0,017\,\delta\theta + 3'',9 = 0$
118	4	$+0,264 - 0,009 + 2,4 = 0$
119	4	$+0,321 + 0,011 - 0,8 = 0$
120	1	$-0,319 - 0,031 + 2,9 = 0$
121	1	$-0,015 - 0,035 + 5,9 = 0$
122	2	$+0,091 + 0,039 - 0,7 = 0$
123	1	$-0,386 + 0,027 - 0,8 = 0$
124	2	$+0,285 + 0,016 + 0,3 = 0$
125	1	$-0,207 + 0,048 - 2,9 = 0$
126	2	$-0,303 - 0,005 + 0,7 = 0$
127		$+0,284 + 0,058 + 1,1 = 0$
128	2	$-0,364 - 0,023 - 0,7 = 0$
129	1	$+0,230 + 0,021 - 0,1 = 0$
130	3	$+0,106 + 0,040 - 0,7 = 0$
131	4	$-0,048 + 0,048 - 3,6 = 0$
132	2	$-0,364 + 0,038 - 0,7 = 0$
133	2	$-0,533 + 0,003 + 0,5 = 0$
134	1	$+0,029 - 0,051 + 3,7 = 0$
135	2	$+0,229 + 0,024 + 0,4 = 0$
136	1	$-0,308 + 0,010 - 4,2 = 0$
137	2	$-0,213 - 0,030 - 1,3 = 0$
138	1	$+0,194 + 0,053 - 0,6 = 0$
139	1	$-0,248 + 0,036 + 5,2 = 0$
140	1	$-0,313 + 0,016 + 3,5 = 0$
141	1	$-0,280 - 0,009 - 3,5 = 0$

Équations de condition, déduites des erreurs des Tables provisoires, en latitude. (Suite.)

N° d'ordre.	NOMBRE d'observations.	ÉQUATIONS DE CONDITION.
142	1	$+ 0{,}128\,\delta\varphi - 0{,}027\,\delta\theta + 2'',5 = 0$
143	1	— 0,552 + 0,055 — 5,3 = 0
144	1	— 0,551 + 0,022 + 1,5 = 0
145	3	— 0,052 + 0,052 — 0,4 = 0
146	3	— 0,115 + 0,053 — 3,0 = 0
147	1	— 0,284 + 0,050 — 2,1 = 0
148	2	— 0,452 + 0,037 — 2,7 = 0
149	2	— 0,526 + 0,026 + 0,5 = 0
150	2	0,179 — 0,034 + 3,5 = 0
151	2	0,283 — 0,004 — 0,6 = 0
152	2	0,242 + 0,019 + 2,0 = 0
153	2	— 0,277 — 0,025 + 0,0 = 0
154	2	0,367 + 0,033 — 1,6 = 0
155	1	— 0,306 + 0,011 + 0,8 = 0
156	5	— 0,303 + 0,003 — 0,1 = 0
157	2	0,362 + 0,008 + 2,3 = 0
158	3	— 0,470 + 0,008 — 1,8 = 0
159	1	— 0,314 — 0,019 — 4,1 = 0
160	3	— 0,166 — 0,029 + 1,6 = 0
161	2	— 0,018 — 0,031 + 1,4 = 0
162	2	0,199 + 0,035 + 0,9 = 0
163	1	— 0,136 + 0,058 — 7,0 = 0
164	2	— 0,250 + 0,058 — 5,5 = 0
165	1	— 0,424 + 0,050 — 4,1 = 0
166	1	0,031 — 0,043 + 4,5 = 0
167	1	— 0,190 — 0,042 + 0,9 = 0
168	1	— 0,279 + 0,077 — 1,0 = 0
169	4	— 0,382 + 0,060 — 2,3 = 0
170	2	— 0,092 — 0,030 + 3,0 = 0
171	2	0,250 — 0,006 + 1,9 = 0

Équations de condition, déduites des erreurs des Tables provisoires, en latitude. (Suite.)

N° d'ordre.	NOMBRE d'observations.	ÉQUATIONS DE CONDITION.
172	3	$0,274\,\delta\varphi + 0,007\,\delta\theta + 0'',6 = 0$
173	2	$-0,054 + 0,063 - 1,5 = 0$
174	1	$-0,037 - 0,043 + 1,8 = 0$
175	1	$0,148 - 0,030 + 0,1 = 0$
176	2	$0,000 + 0,039 - 2,3 = 0$
177	1	$-0,075 + 0,040 - 0,5 = 0$
178	1	$-0,232 + 0,033 - 2,9 = 0$
179	1	$-0,308 + 0,024 + 0,7 = 0$
181	4	$-0,401 + 0,015 + 0,4 = 0$
182	1	$-0,270 - 0,018 + 0,9 = 0$
183	2	$-0,180 - 0,025 + 2,1 = 0$
184	1	$0,262 + 0,033 + 1,3 = 0$
185	1	$0,063 + 0,063 - 0,4 = 0$
186	2	$0,021 - 0,037 + 4,8 = 0$
187	1	$0,086 + 0,037 + 1,0 = 0$
188	1	$0,351 + 0,008 - 1,1 = 0$
189	1	$0,220 + 0,032 + 0,8 = 0$
190	2	$-0,106 - 0,032 + 3,4 = 0$
191	1	$0,147 - 0,035 - 0,6 = 0$
192	4	$-0,356 + 0,032 - 3,4 = 0$
193	4	$-0,361 + 0,006 - 0,7 = 0$
194	2	$-0,330 - 0,004 + 0,9 = 0$
195	1	$-0,182 - 0,024 - 6,1 = 0$
196	3	$0,194 - 0,019 + 3,5 = 0$
197	1	$0,292 + 0,033 + 1,8 = 0$
198	2	$0,252 + 0,046 - 2,1 = 0$
199	2	$0,148 + 0,064 + 1,7 = 0$
200	3	$0,159 - 0,024 + 2,2 = 0$
201	4	$0,226 - 0,012 + 2,2 = 0$

Équations de condition, déduites des erreurs des Tables provisoires, en latitude. (Suite.)

N° d'ordre.	NOMBRE d'observations.	ÉQUATIONS DE CONDITION.
		DEUXIÈME SÉRIE.
1	1	$0,152\,\delta\varphi - 0,031\,\delta\theta - 5'',0 = 0$
2	3	$0,281 + 0,016 + 4,1 = 0$
3	5	$0,167 + 0,048 - 1,5 = 0$
4	2	$0,000 + 0,064 - 4,0 = 0$
5	6	$-0,214 - 0,043 + 0,1 = 0$
6	5	$0,033 - 0,038 - 2,5 = 0$
7	1	$0,143 - 0,030 - 2,7 = 0$
8	2	$0,233 - 0,013 + 1,5 = 0$
11	3	$0,255 + 0,040 - 2,1 = 0$
12	2	$0,209 + 0,050 - 1,4 = 0$
13	4	$0,101 + 0,063 - 3,6 = 0$
14	2	$-0,122 + 0,077 - 6,7 = 0$
16	4	$-0,243 - 0,038 - 4,3 = 0$
17	4	$0,086 - 0,032 - 1,5 = 0$
18	4	$0,202 - 0,019 - 3,7 = 0$
19	4	$0,029 + 0,040 - 5,4 = 0$
20	3	$-0,086 + 0,042 - 1,3 = 0$
21	3	$-0,192 + 0,039 + 0,5 = 0$
22	2	$-0,405 + 0,012 - 4,2 = 0$
23	1	$-0,435 - 0,004 + 4,4 = 0$
24	2	$0,097 - 0,030 - 2,6 = 0$
25	1	$0,000 + 0,043 - 1,7 = 0$
26	3	$-0,009 - 0,033 + 0,6 = 0$
27	1	$-0,040 + 0,047 - 2,7 = 0$
28	2	$-0,291 + 0,043 + 0,4 = 0$

Équations de condition, déduites des erreurs des Tables provisoires, en latitude. (Suite.)

N° d'ordre.	NOMBRE d'observations.	ÉQUATIONS DE CONDITION.
29	2	$-0,409\,\delta\varphi + 0,031\,\delta\theta - 0'',3 = 0$
31	4	$0,119 - 0,028 - 1,6 = 0$
32	2	$0,151 + 0,038 - 6,4 = 0$
33	1	$0,000 + 0,050 - 5,7 = 0$
34	2	$-0,330 + 0,047 - 1,3 = 0$
35	1	$0,284 - 0,005 - 4,2 = 0$
36	2	$0,246 + 0,018 - 3,1 = 0$
37	2	$0,379 + 0,001 - 0,3 = 0$
38	1	$-0,063 - 0,031 - 1,6 = 0$
39	1	$0,194 + 0,035 - 0,8 = 0$
40	1	$0,185 - 0,029 - 3,3 = 0$
41	2	$-0,211 + 0,032 - 5,5 = 0$
42	3	$0,364 - 0,010 - 1,0 = 0$
43	5	$-0,348 - 0,011 + 0,8 = 0$
45	2	$0,262 + 0,023 + 4,5 = 0$
46	5	$0,105 + 0,052 + 0,8 = 0$
47	3	$-0,100 + 0,063 - 0,6 = 0$
48	3	$-0,092 - 0,031 + 3,2 = 0$
49	4	$0,333 - 0,019 + 3,3 = 0$
50	2	$-0,394 + 0,008 + 8,4 = 0$
51	4	$-0,204 - 0,024 + 2,6 = 0$
52	3	$-0,279 + 0,073 - 2,3 = 0$
54	1	$0,023 + 0,040 - 5,9 = 0$
55	1	$-0,144 + 0,040 - 3,9 = 0$
56	1	$0,289 - 0,001 + 2,8 = 0$
57	1	$0,303 + 0,025 + 1,4 = 0$
58	1	$0,270 - 0,009 + 2,2 = 0$
59	1	$0,333 + 0,028 + 3,4 = 0$
61	4	$0,141 + 0,035 - 2,8 = 0$
62	1	$-0,157 - 0,033 + 2,7 = 0$

Équations de condition, déduites des erreurs des Tables provisoires, en latitude. (Suite.)

N° d'ordre.	NOMBRE d'observations.	ÉQUATIONS DE CONDITION.
63	1	— 0,319 δφ + 0,022 δθ — 3″,0 = 0
64	2	— 0,324 + 0,006 — 1,1 = 0
65	2	— 0,310 — 0,002 — 1,5 = 0
66	4	— 0,362 + 0,040 — 3,6 = 0
67	3	— 0,448 + 0,031 — 2,5 = 0
68	1	0,191 + 0,033 — 3,3 = 0
69	1	0,080 + 0,046 — 2,4 = 0
70	2	— 0,452 + 0,040 — 3,8 = 0
71	1	0,252 + 0,023 + 2,0 = 0
72	3	— 0,180 + 0,061 — 2,0 = 0
73	1	— 0,290 + 0,059 — 3,9 = 0
74	1	0,236 — 0,017 — 1,8 = 0
75	1	0,316 + 0,001 + 1,6 = 0
76	1	— 0,475 + 0,031 + 3,0 = 0
77	4	0,326 — 0,009 + 1,2 = 0
79	1	— 0,377 — 0,007 + 0,6 = 0
80	2	0,271 + 0,015 — 2,4 = 0
81	2	0,080 + 0,053 + 1,1 = 0
82	1	0,269 + 0,028 + 1,4 = 0
83	3	— 0,017 — 0,040 — 3,4 = 0
85	1	0,020 — 0,036 + 3,4 = 0
86	1	0,264 — 0,029 — 0,7 = 0
87	1	0,306 + 0,013 + 3,0 = 0
88	3	0,270 + 0,037 + 2,6 = 0
89	2	0,143 + 0,061 — 1,4 = 0
90	2	— 0,337 + 0,001 + 0,3 = 0
91	2	0,293 + 0,043 + 1,3 = 0
92	2	0,163 + 0,032 — 1,9 = 0
93	2	0,121 + 0,037 — 1,1 = 0
94	3	— 0,003 + 0,044 — 1,3 = 0

Équations de condition, déduites des erreurs des Tables provisoires, en latitude. (Fin.)

N° d'ordre.	NOMBRE d'observations.	ÉQUATIONS DE CONDITION.
95	4	$-0{,}113\,\delta\varphi + 0{,}045\,\delta\theta - 1{,}9'' = 0$
96	2	$0{,}116 - 0{,}027 + 6{,}8 = 0$
97	2	$0{,}306 - 0{,}005 - 2{,}3 = 0$
98	1	$-0{,}033 - 0{,}033 + 1{,}9 = 0$
99	2	$0{,}135 - 0{,}025 + 2{,}1 = 0$
100	2	$0{,}187 + 0{,}031 + 1{,}3 = 0$
101	2	$-0{,}122 + 0{,}049 + 3{,}1 = 0$
102	3	$0{,}030 - 0{,}030 + 7{,}2 = 0$
103	3	$0{,}137 - 0{,}027 + 6{,}0 = 0$
104	2	$-0{,}374 + 0{,}046 + 1{,}0 = 0$
105	4	$0{,}260 + 0{,}001 + 1{,}5 = 0$
106	1	$0{,}144 + 0{,}044 - 3{,}0 = 0$
107	2	$-0{,}058 + 0{,}058 - 0{,}9 = 0$
108	1	$-0{,}196 + 0{,}060 + 4{,}4 = 0$
109	1	$0{,}136 - 0{,}034 + 1{,}0 = 0$
110	2	$0{,}240 - 0{,}017 - 0{,}9 = 0$
111	1	$-0{,}388 + 0{,}055 + 0{,}0 = 0$
112	1	$-0{,}070 - 0{,}030 + 6{,}6 = 0$
113	1	$0{,}114 + 0{,}052 - 1{,}9 = 0$
114	1	$-0{,}166 + 0{,}067 - 3{,}9 = 0$
115	1	$-0{,}146 + 0{,}038 - 4{,}9 = 0$
116	3	$-0{,}398 + 0{,}011 + 0{,}7 = 0$

§ IV.

Des passages de Mercure sur le Soleil.

78. Les observations des passages de Mercure sur le Soleil sont les seules données dont nous puissions profiter, pour avoir des positions exactes de la planète à des époques un peu éloignées de nous. Plusieurs causes, toutefois, peuvent entacher ces observations d'erreurs assez grandes, et je ne crois pas qu'on puisse les admettre toutes sans discussion.

79. L'observation du premier contact extérieur est toujours très-incertaine; celle du second contact extérieur est, au contraire, assez juste. J'ai préféré toutefois n'employer que les observations des deux contacts intérieurs. Elles jouissent en général d'une grande précision, ainsi qu'on le reconnaît en comparant les observations d'un même passage faites par différents astronomes. Il est bien entendu que je ne parle que des observations faites directement au moyen des lunettes. L'emploi de l'image solaire pour reconnaître l'instant de l'entrée ou celui de la sortie est un procédé détestable, qui peut laisser des incertitudes de quatre ou cinq minutes de temps.

Lorsque l'observation a été faite dans un grand observatoire, on peut regarder l'heure de la pendule comme exacte. Mais en est-il toujours de même, quand le passage n'a été vu que dans une contrée lointaine, et par un observateur dont le nom n'est connu qu'à l'occasion de ce passage? En outre, on dépend complétement de la longitude du lieu de l'observateur, qui souvent ne l'a pas connue lui-même d'une manière exacte; et alors, en recourant aux observations modernes pour la déterminer, on peut s'exposer quelquefois, faute de renseignements suffisants, à appliquer à un lieu une longitude qui convient à un autre.

80. Nous ne pouvons, en général, déterminer le lieu du Soleil, pour le calcul d'un passage, que par l'emploi des Tables, dont les erreurs ne sont malheureusement pas toujours aussi faibles qu'on pourrait le désirer. J'ai fait usage des Tables solaires de Delambre, auxquelles j'ai appliqué les corrections suivantes :

1°. J'ai corrigé la Table XV, qui donne l'équation lunaire de la longitude, en réduisant le maximum de la perturbation à 6",7 au lieu de 7",5 que suppose la Table; j'ai corrigé dans le même rapport le maximum de la perturbation lunaire du rayon vecteur, donnée par la table XXIV.

2°. Dans l'emploi des Tables XVI et XXV, qui donnent les perturbations produites par Vénus, j'ai réduit la masse de cette planète à celle qui a été déterminée par Burckhardt.

3°. J'ai appliqué à la longitude vraie du Soleil et au logarithme du rayon vecteur les corrections suivantes :

$$\begin{aligned}\delta\odot &= 2'',61 - 1'',33 \cos\odot + 1'',90 \sin\odot \\ &\quad + \{0'',1448 - 0'',0047 \cos\odot - 0'',0200 \sin\odot\}\times t,\\ \delta\log R &= -20,0 \cos\odot - 14,0 \sin\odot \\ &\quad + (0,211 \cos\odot - 0,050 \sin\odot)\times t;\end{aligned}$$

t est le temps compté à partir de 1800. L'unité, dans la correction du logarithme du rayon vecteur, est la septième décimale : cette correction du rayon est sans importance pour le calcul des conjonctions.

81. Supposons qu'on ait observé un contact intérieur à l'instant T, temps moyen de l'Observatoire de Paris, et cherchons la correction τ qu'on doit apporter à ce temps pour avoir l'instant apparent, tel qu'il eût été indiqué par les Tables provisoires.

Soient, à cet effet, l et s la longitude et la latitude géocentriques de Mercure pour le temps T, affectées de l'aberration et de la parallaxe. Désignons par $\odot$ et σ les données correspondantes pour le Soleil. Appelons m et n les mouvements relatifs de Mercure en longitude et en latitude, et c la différence des demi-diamètres apparents du Soleil et de Mercure, pour l'instant de l'observation. Si nous posons

$$(l - \odot + mt)^2 + (s - \sigma + nt)^2 = c^2,$$

la plus petite des racines de cette équation nous fera connaître l'instant τ de la phase apparente, compté à partir du temps T, et tel qu'il serait fourni par les Tables.

La différence τ entre le calcul et l'observation est une erreur des Tables qu'il s'agit de corriger, en supposant la position du Soleil exacte, mais en attribuant à la longitude l de Mercure, à sa latitude s, et à la constante c, des corrections convenables, δs, δl et δc. La variation correspondante du temps, fournie par l'équation précédente, devra être égale à $(-\tau)$; en sorte qu'on aura l'équation de condition

$$\delta l + \frac{s-\sigma}{l-\odot}\delta s - \frac{c}{l-\odot}\delta c - \left\{m + n\frac{s-\sigma}{l-\odot}\right\}.\ \tau = 0.$$

En la multipliant par $\left(-\frac{\Delta_1}{r_1}\right)$, remarquant que $-\frac{\Delta_1}{r_1}\,\delta l$ est la correction de la longitude héliocentrique, et que $\frac{\Delta_1}{r_1}\,\delta s$ est la correction de la latitude héliocentrique, il viendra

$$\delta\varepsilon - \frac{s-\sigma}{l-\odot}\delta\lambda + \frac{\Delta_1}{r_1}\frac{c}{l-\odot}\delta c + \frac{\Delta_1}{r_1}\left\{m + n\frac{s-\sigma}{l-\odot}\right\}.\ \tau = 0.$$

J'ai employé, pour le calcul de cette équation, le demi-diamètre du Soleil, tel que Delambre le suppose dans ses Tables, mais en le diminuant de 3″,6, comme cet auteur le prescrit pour le calcul des éclipses de Soleil. J'ai supposé le demi-diamètre de Mercure égal à 3″,23, à la distance moyenne.

Passage du 5 mai 1832.

82. M. Bessel, qui l'a observé à Kœnigsberg, fixe le premier contact intérieur à $10^h 24^m 38^s,8$, temps moyen de son Observatoire, et le second contact intérieur à $17^h 7^m 38^s,0$.

La longitude de l'Observatoire de M. Bessel est de $1^h 12^m 39^s$ à l'est de l'Observatoire de Paris; sa latitude est de 54° 42′ 50″ au nord.

Avec ces données, on obtient les résultats suivants :

	1er contact.	2e contact.
Temps moyen de Paris.............	$9^h 11^m 59^s,8$	$15^h 54^m 59^s,0$
Longitude géocentrique l de Mercure..	45° 2′ 0″,1	44° 51′ 27″,4
Latitude géocentrique s de Mercure...	10′ 10″,2	5′ 21″,0
Longitude ⊙ du Soleil............	44° 50′ 7″,9	45° 6′ 15″,8
Latitude σ du Soleil...............	— 6″,2	— 5″,2
Distance c des centres..............	943″,0	
Erreur tabulaire τ.................	— 20^s,6	— 58^s,1

et on en déduit les deux équations de condition

$$\text{Entrée}\ldots\quad \delta v - 0,87\ \delta\lambda + 1,63\ \delta c + 1'',9 = 0,$$

$$\text{Sortie}\ldots\quad \delta v + 0,37\ \delta\lambda - 1,30\ \delta c + 4'',4 = 0.$$

Si l'on multiplie la seconde par $\frac{3}{2}$, et qu'on ajoute le résultat avec la première, on aura l'équation suivante :

$$\delta v = -3'',4 + 0,13\ \delta\lambda + 0,13\ \delta c;$$

$\delta\lambda$ et δc ne pouvant avoir qu'une très-légère influence sur le second membre, la constante — 3″,4 représente sensiblement la correction de la longitude héliocentrique tabulaire.

Passage du 9 novembre 1802.

83. C'est le dernier dont Lalande, qui s'est occupé si longtemps de Mercure, ait pu faire usage. « Je l'ai observé, dit cet illustre astronome, avec de-

» lieues, dans le même endroit où il le fut pour la première fois par Gassendi, » l'un de mes plus illustres prédécesseurs au Collége de France. » On n'a observé à Paris que la sortie. Voici les instants obtenus pour le second contact interne, par six observateurs; ils sont tous en temps vrai, réduit au méridien de l'Observatoire.

	Temps vrai du 2e contact interne.		
Lalande	$12^h 6^m 29^s$	Moyenne des six observations	$12^h 6^m 44^s$
Messier	12.6.49	Équation du temps	11.44. 2
Lalande (neveu)	12.6.44	Temps moyen de l'observation	$11^h 50^m 46$.
Bouvard	12.6.54		
Méchain	12.6.45		
Burckhardt	12.6.45		

J'ai déduit de cette observation les résultats suivants :

Longitude géocentrique l de Mercure	$226^\circ\ 8'\ 5'',4$
Latitude géocentrique s de Mercure	$3'\,12'',1$
Longitude ☉ du Soleil	$226^\circ\,23'58'',3$
Latitude σ du Soleil	$-\ 7'',3$
Distance c des centres	$962'',9$
Erreur tabulaire τ	$-108^s,0$

$$\delta v + 0,21\ \delta\lambda - 2,20\ \delta c + 23'',3 = 0.$$

L'erreur de la distance des centres a trop d'influence dans cette équation pour qu'on puisse l'employer seule au calcul de δv.

Passage du 7 mai 1799.

84. Il a été observé complétement par Delambre. J'ai déduit de son observation les résultats suivants :

	1er contact.	2e contact.
Temps moyen de Paris	$9^h 20^m 9^s,8$	$16^h 38^m 4^s,4$
Longitude géocentrique l de Mercure	$47^\circ\ 0'\,22'',3$	$46^\circ 49'\ 3'',3$
Latitude géocentrique s de Mercure	$-\ 3'\ 7'',2$	$-\ 8'\,22'',1$
Longitude ☉ du Soleil	$46^\circ 44'\,53'',6$	$47^\circ\ 2'\,22'',5$
Latitude σ du Soleil	$-\ 5'',6$	$-\ 3'',7$
Distance c des centres	$942'',4$	
Erreur tabulaire τ	$62^s,9$	$9^s,6$

d'où les équations de condition :

$$\text{Entrée..}\quad \delta v + 0{,}20\delta\lambda + 1{,}25\delta c - 4'',9 = 0,$$

$$\text{Sortie...}\quad \delta v - 0{,}62\delta\lambda - 1{,}44\delta c - 0'',9 = 0.$$

La première, multipliée par $\frac{3}{2}$, puis ajoutée avec la seconde, donne

$$\delta v = 3'',3 + 0{,}13\delta\lambda - 0{,}17\delta c.$$

La constante du second membre est sensiblement la correction de la longitude tabulaire.

Passage du 5 novembre 1789.

83. Le premier contact interne a été observé, à Paris, par Cassini, Delambre, Messier et Méchain. Voici les résultats de leurs observations en temps vrai

Cassini...	$13^h19^m\ 5^s,8$	Moyenne des observations.	$13^h19^m\ 0^s,5$
Delambre.	13.19. 2,0	Équation du temps.......	11.43.51,4
Messier...	13.18.54,0		
Méchain..	13.19. 0,0	Temps moyen de la phase...	$13^h\ 2^m51^s,9$

Le second contact interne a été observé, à Montevideo, par Galiano, Vernacci et de la Concha. Leur longitude était de $3^h54^m15^s$ à l'ouest de Paris, et leur latitude de $34°54'48''$ australe. La moyenne de leurs observations nous donne :

Second contact, temps vrai de Montevideo.	14^h15^m1[illegible]
Longitude ouest de Montevideo.........	3.54.15
Équation du temps	11.43.51
Temps moyen de la phase...	17^h53^m17

Le calcul de ces observations donne successivement :

	1er contact.	2e contact.
Longitude géocentrique l de Mercure.	223°47'55",5	223°31'44",[illegible]
Latitude géocentrique s de Mercure..	− 9'30",2	− 5' 5",[illegible]
Longitude ⊙ du Soleil............	223°34'57",7	223°47' [illegible]
Latitude σ du Soleil..............	− 8",3	1",5
Distance c des centres.............	962",4	
Erreur tabulaire τ...............	− 32",3	[illegible] 57",6

$$\text{Entrée...}\quad \delta v + 0{,}72\delta\lambda + 2{,}64\delta c + 7'',4 = 0,$$

Sortie... $\delta v - 0{,}34\delta\lambda - 2{,}27\delta c$ [illegible] $= 0$

La seconde équation, multipliée par $\frac{4}{3}$, et ajoutée à la première, fournit la relation

$$\delta v = -9'',7 - 0,12\delta\lambda + 0,19\delta e.$$

Passage du 4 mai 1786.

86. On sait que les Tables de La lande ayant indiqué la sortie 53^m troptôt, elle fut manquée à Paris par la plupart des astronomes. L'observation a été faite complétement à Mittaw, par Beitler; à Saint-Pétersbourg, par Inochodzow; à Bagdad, par de Beauchamp.

Pour comparer ces résultats entre eux, je réduirai tous les calculs au centre de la Terre. La latitude de Mittaw est de 56° 39′ N.; celle de Saint-Pétersbourg de 59° 56′ N.; celle de Bagdad de 33° 20′ N.

	Beitler.	Inochodzow.	de Beauchamp.
1er *Contact interne*, en temps vrai de chaque méridien.	$4^h 37^m 26^s$	$5^h\ 3^m 13^s$	$6^h\ 0^m\ 5^s$
Différence avec le méridien de Paris.	22.34.27	22. 8. 6	21.11.51
Réduction au centre de la Terre. . .	0. 1.40	0. 1.42	0. 0.40
Équation du temps.	11.56.31	11.56.31	11.56.31
Temps moy. pour le centre de la Terre	$3^h 10^m\ 4^s$	$3^h\ 9^m 32^s$	$3^h 9^m\ 7^s$

D'où, par une moyenne entre les trois résultats, $3^h 9^m 34^s$ pour le temps moyen de la phase vue du centre de la Terre.

	Beitler.	Inochodzow.	de Beauchamp.
2e *Contact interne*, en temps vrai de chaque méridien.	$10^h\ 1^m\ 3^s$	$10^h 27^m 12^s$	$11^h 22^m 52^s$
Différence avec le méridien de Paris.	22.34.27	22. 8. 6	21.11.51
Réduction au centre de la Terre. . .	23.58.49	23.58.59	23.59.27
Équation du temps.	11.56.31	11.56.31	11.56.31
Temps moy. pour le centre de la Terre	$8^h 30^m 50^s$	$8^h 30^m 48^s$	$8^h 30^m 41^s$

Ainsi le second contact interne a eu lieu, pour le centre de la Terre, à $8^h 30^m 46^s$, temps moyen de Paris.

Dans la comparaison suivante de ces observations avec les Tables, les positions de Mercure et du Soleil sont rapportées au centre de la Terre, et par conséquent non affectées de la parallaxe :

	1er contact.	2e contact.
Longitude de Mercure.	43°53′ 6″,4	43°44′50″,0
Latitude de Mercure.	13′11″,6	9′20″,2
Longitude du Soleil.	43°44′29″,0	43°57′25″,8
Latitude du Soleil.	0″,3	0″,3
Distance c des centres.	943″,1	
Erreur tabulaire ε.	51ˢ,4	54ˢ,0

$$\text{Entrée...}\quad \delta v - 1{,}54\,\delta\lambda + 2{,}21\,\delta c - 5'',3 = 0,$$

$$\text{Sortie....}\quad \delta v + 0{,}73\,\delta\lambda - 1{,}54\,\delta c - 3'',8 = 0.$$

Ces deux équations fournissent la suivante :

$$\delta v = 4'',4 + 0{,}11\,\delta\lambda - 0{,}13\,\delta c.$$

Passage du 12 novembre 1782.

87. Il a été vu complétement à Paris. Les discordances qui existent entre les instants donnés par les différents astronomes, pour une même phase, sont très-propres à montrer combien on doit quelquefois avoir une juste défiance des observations isolées. Voici les données de l'observation du premier et du second contact internes en temps vrai de l'Observatoire de Paris :

	1er contact interne.	2e contact interne.	
Lalande. . . .	15ʰ4ᵐ57ˢ		
Messier. . . .	15.4.38		
Marie.	15.4.38		
Legentil. . .	15.4.24	16ʰ18ᵐ 7ˢ	
Cassini fils. .	15.4.21	16.17.18	
Dagelet. . . .	15.2.32	16.16. 2	
Méchain. . .	15.2. 8	16.17.46	Méchain dit que l'incertitude de son observation de la sortie est de 5ˢ au plus
Le Monnier.	15.1.48		
Cagnoli. . . .	15.0.21	16.16.24	

Ainsi les observations du premier contact interne, par Lalande et Cagnoli, diffèrent entre elles de 4^m36^s, ce qui correspond à une variation de 35″,6 dans la longitude héliocentrique. Les observations du second contact interne, par Legentil et Dagelet, diffèrent entre elles de 2^m5^s, ce qui correspond à une variation de 85^s,4 dans la longitude héliocentrique.

Hâtons-nous de dire qu'il s'en faut de beaucoup qu'on ait souvent de pareilles incertitudes à redouter. L'inégalité des résultats vient ici de ce que Mercure n'ayant décrit qu'une très-petite corde du disque solaire, la projection du mouvement relatif de Mercure sur le rayon du Soleil, passant au point de contact, était très-peu sensible. De plus, le Soleil était très-bas sur l'horizon, surtout à l'instant de la sortie; l'ondulation et la dentelure de son bord étaient extrêmes.

On peut cependant, avec quelques précautions, déduire de ce passage de 1782 de bons résultats. Nous allons le comparer aux Tables, en choisissant les quatre observations de Legentil, Cassini, Dagelet et Méchain, qui ont l'avantage d'être complètes. La moyenne de ces quatre observations est de $15^h3^m21^s$ pour l'entrée, de $16^h17^m23^s$ pour la sortie; et, en y ajoutant l'équation du temps $11^h44^m30^s$, nous trouvons successivement :

	1er contact.	2e contact.
Temps moyen..................	$14^h47^m51^s$,0	$16^h\ 1^m53^s$,0
Longitude géocentrique l de Mercure.	230° 29′ 52″,8	230° 25′ 40″,6
Latitude géocentrique s de Mercure.	14′ 52″,4	15′ 56″,1
Longitude ⊙ du Soleil........	230° 23′ 58″,2	230° 27′ 3″,0
Latitude σ du Soleil...........	− 8″,5	− 8″,4
Distance c des centres..........	963″,9	
Erreur tabulaire τ...............	199^s,2	− 188^s,0

$$\text{Entrée} \ldots \quad \delta c = 0,129\tau + 2,70\delta\lambda - 6,01\delta e,$$
$$\text{Sortie.} \ldots \quad \delta c = 0,683\tau - 15,05\delta\lambda + 32,73\delta e.$$

Nous ne pouvons pas, d'après ce que nous avons vu plus haut, nous flatter de connaître τ fort exactement, ni pour l'entrée ni pour la sortie. Il y a peu d'inconvénients pour l'entrée, à cause du petit facteur 0,129, qui multiplie cette correction du temps; mais il en est autrement dans l'équation donnée par l'observation de la sortie. On voit que 30^s d'erreur sur l'instant de l'observation correspondraient à 21″ de longitude géocentrique. Par cette raison, avant d'employer la seconde équation de 1782, avec celles fournies par les autres passages, nous diviserons tous ses termes par quatre. Mettant d'ailleurs pour τ sa valeur, nous aurons les deux conditions :

$$\text{Entrée...}\quad \delta v - 2{,}70\,\delta\lambda + 6{,}01\,\delta c - 25'',6 = 0,$$

$$\text{Sortie....}\quad \frac{1}{4}\delta v + 3{,}76\,\delta\lambda - 8{,}18\,\delta c + 32'',1 = 0.$$

On déduit de ces deux équations,

$$\delta v = 1'',9 - 0{,}04\,\delta\lambda - 0{,}05\,\delta c.$$

Passage du 10 *novembre* 1769.

88. L'entrée a été observée à Philadelphie et à Norriton. Nous ramènerons toutes les observations au méridien de Norriton, qui est de 52″ à l'ouest de celui de Philadelphie, et nous trouverons pour l'instant de la phase apparente :

Smith.	$14^h 36^m 35^s$		
Lukens. . . .	14.36.33	Moyenne des observations. . . .	$14^h 36^m 39^s$
Rittenhouse. .	14.36.35	Longitude de Norriton.	5.10.55
Williamson. .	14.36.38	Équation du temps.	11.44.12
Shippen. . . .	14.36.48		
Evans.	14.36.46	Temps moyen de l'observation. .	$19^h 31^m 46^s$
Ewing.	14.36.38		

La latitude de Norriton étant d'ailleurs de 40° 10′ nord, nous aurons successivement :

Longitude géocentrique l de Mercure.	227° 59′ 7″,2
Latitude géocentrique s de Mercure.	5′ 14″,4
Longitude ☉ du Soleil.	227° 43′ 54″,2
Latitude σ du Soleil.	− 7″,6
Distance c des centres.	963″,7
Erreur tabulaire τ.	54^s,7

$$\delta v - 0{,}35\,\delta\lambda + 2{,}28\,\delta c - 11'',0 = 0.$$

Passage du 6 *novembre* 1756.

89. L'observation en a été faite complétement, à Pékin, par les PP. Gaubil et Amiot, dans le palais de l'Empereur, résidence des Jésuites français. Leurs résultats me paraissant défectueux et inconciliables avec ceux qu'on déduit

des autres passages, je transcris d'abord leur observation complète en temps vrai du méridien de Pékin.

	☿ à moitié entré.	1er contact interne.	2e contact interne.	Sortie totale.
Amiot.	$9^h 31^m 12^s$	. . . .	$14^h 54^m 20^s$	$14^h 56^m 4^s$
Gaubil.	9.30.51	$9^h 31^m 54^s,5$	14.54.25	14.56.31

La longitude de Pékin étant de $7^h 36^m 34^s$ à l'est de Paris, l'équation du temps étant de $11^h 43^m 59^s,3$, le premier contact interne a donc été observé à $1^h 39^m 19^s,8$ de temps moyen, et le second contact interne à $7^h 1^m 47^s,8$.

La latitude de Pékin étant d'ailleurs de 39°54′ nord, je déduis des données précédentes :

	1er contact.	2e contact.
Longitude géocentrique l de Mercure.	225° 23′ 7″,2	225° 5′ 3″,6
Latitude géocentrique s de Mercure.	— 3′ 7″,7	1′ 26″,1
Longitude ⊙ du Soleil.	225° 7′ 24″,9	225° 20′ 50″,4
Latitude σ du Soleil.	— 5″,8	— 8″,7
Distance c des centres.	962″,9	
Erreur tabulaire τ.	— 31s,9	118s,0

La correction de la latitude, que nous reconnaîtrons plus tard être toujours fort petite, ne peut avoir ici aucune influence ni sur l'entrée ni sur la sortie, ce qui tient à ce que la latitude de Mercure est toujours très-faible en ces deux instants. Nous aurons donc simplement les deux relations :

$$\delta v = - 6'',9 - 2,21\,\delta c.$$

$$\delta v = 24'',9 + 2,15\,\delta c.$$

On en déduit $\delta c = - 7'',3$; et, comme nous avons déjà diminué le demi-diamètre du Soleil de 3″,6, il en résulte que, pour accorder entre elles les observations de l'entrée et de la sortie, il faudrait diminuer le diamètre entier du Soleil de 21″,8. C'est un résultat évidemment faux, et dont je ne puis accuser que les observations, puisque de l'Isle, qui s'est tant occupé de cette matière, trouvait aussi que pour les accorder il faudrait diminuer le diamètre du Soleil de 20″.

Ajoutons à cela que les autres passages, comme nous le verrons plus tard, s'accordent à indiquer que la diminution de 3",6 sur le demi-diamètre du Soleil est déjà beaucoup trop forte; et nous ne pourrons douter que dans les observations précédentes il ne se soit glissé quelque erreur. L'instant du second contact, donné par les deux observateurs, mérite plus de confiance sans doute, et effectivement il s'accorde assez bien avec les passages de 1736 et 1743 observés à Paris. Je me suis toutefois décidé à ne faire aucun usage de cette observation. Il n'y aurait eu, il est vrai, aucun inconvénient à employer l'observation de la sortie en rejetant celle de l'entrée, mais on n'y aurait non plus rien gagné. Il serait, en outre, peu logique, parmi des résultats défectueux, d'en choisir un par cette considération qu'il s'accorde avec d'autres données que nous possédons déjà, et de prétendre ainsi ajouter à la certitude de ces dernières.

Passage du 6 mai 1753.

90. La sortie a été observée à Paris. Voici l'instant du second contact interne, et les résultats qu'on en déduit:

Le Gentil. .	$10^h 18^m 47^s$	Moyenne des trois observations. .	$10^h 18^m 46^s,7$
De l'Isle. . .	10.18.45	Équation du temps.	11.56.17,1
Bouguer. . .	10.18.48	Temps moyen de l'observation. .	$10^h 15^m 4^s,1$

Longitude géocentrique l de Mercure.	45° 42′ 0″,9
Latitude géocentrique s de Mercure. .	— 5′16″,7
Longitude ⊙ du Soleil.	45° 56′44″,8
Latitude σ du Soleil.	— 5″,4
Distance c des centres.	942″,5
Erreur tabulaire τ.	81″,9

$$\delta e - 0,35\,\delta\lambda - 1,31\,\delta c - 7'',1 = 0.$$

Les Tables de Mercure qu'on possédait à cette époque différaient éminemment entre elles sur l'instant de l'entrée; celles de Lahire l'indiquant pour le 5 mai au soir, et celles de Halley pour le 6 mai à $6^h 30^m$ du matin. Ces grandes erreurs provenaient du trop petit nombre d'observations que les auteurs avaient employées à la construction de leurs Tables.

Passage du 5 novembre 1743.

91. Il a été observé complétement à Paris. Voici les données de l'observation, en réduisant au méridien de Paris l'observation de Cassini, qui fut faite à Thury, 6s à l'occident de Paris :

	1er contact interne.	2e contact interne.
La Caille	8h40m38s	13h10m 3s
Maraldi	8.40.46	13.10.17
Cassini	8.40.43	13.10.38
Cassini fils	8.40.34	13.10.26
Moyenne des quatre observations	8.40.40,2	13.10.21,0
Équation du temps	11.43.52,0	11.43.52,4
Temps moyen	8h24m32s,2	12h54m13s,4

La discussion de ces observations m'a fourni les résultats suivants :

	1er contact.	2e contact.
Longitude géocentrique l de Mercure	222° 44′ 37″,3	222° 29′ 36″,6
Latitude géocentrique s de Mercure	—11′ 2″,3	— 7′ 11″,7
Longitude ⊙ du Soleil	222° 32′ 39″,9	222° 43′ 52″,8
Latitude σ du Soleil	— 5″,5	— 7″,9
Distance c des centres	962″,3	
Erreur tabulaire τ	127s,8	85s,6

$$\text{Entrée}\ldots\quad \delta e + 0{,}93\,\delta\lambda + 2{,}92\,\delta c - 30'',2 = 0,$$
$$\text{Sortie}\ldots\quad \delta e - 0{,}49\,\delta\lambda - 2{,}39\,\delta c - 16'',7 = 0,$$

et de la combinaison de ces deux équations on déduit la suivante, propre à donner la correction de la longitude :

$$\delta e = 22'',5 - 0{,}13\,\delta\lambda + 0{,}12\,\delta\lambda.$$

Passage du 2 mai 1740.

92. L'entrée a été observée à Cambridge, État du Massachussetts, par Wintrop. Cet observateur rend compte de ses résultats ainsi qu'il suit dans les *Philosophical Transactions*, n° **471**, tome XLII :

« At 4h 54m 59s I perceived that Mercury had made an impression on the » sun's limb, by the quantity of wich I concluded that almost one quarter of » his diameter might be entered. » (Un nuage se montre ensuite pendant trois minutes, disparaît, et l'auteur continue ainsi :) « I continued to see him » (Mercury) till 5h 0m 40s at wich time he seemed to be gotten almost wholly

» within the Sun; for he appeared now very near round though I could not » yet discern the sun's light behind him. By the shaking of the tube, I infor- » tunately missed the moment of his interior contact with the sun's limb; » but am certain it could be but very little later than this; for I presently » after saw him fairly within the sun. »

Cette relation m'a inspiré, je l'avoue, peu de confiance. L'instant décisif de l'observation est manqué par accident. J'ai craint que les autres parties ne fussent également peu soignées, et j'ai préféré ne faire aucun usage de ce passage.

Passage du 11 novembre 1736.

93. C'est le premier qui ait été observé complétement à Paris. Je prends les observations de Maraldi et de Cassini de Thury.

	1er contact interne.	2e contact interne.
Maraldi	$9^h 35^m 15^s$	$12^h 15^m 5^s$
Cassini de Thury	9.35.10	12.15.18
Moyenne des observations	9.35.12,5	12.15.11,5
Équation du temps	11.44.24,2	11.44.24,2
Temps moyen	$9^h 19^m 36^s,7$	$11^h 59^m 35^s,7$

On trouve, par la discussion de ces observations:

$$\text{Entrée}\ldots\ \delta\varepsilon - 1{,}32\,\delta z + 3{,}58\,\delta e - 30'',4 = 0,$$
$$\text{Sortie}\ldots\ \delta\varepsilon + 2{,}61\,\delta z - 6{,}07\,\delta e - 13'',9 = 0;$$

équations qui s'accordent parfaitement avec celles du passage de 1743. On en déduit

$$\delta\varepsilon = 24'',5 - 0{,}11\,\delta z - 0{,}11\,\delta e.$$

Quelques astronomes ont encore observé ce passage à la chambre obscure. Leurs résultats sont bien faits pour ôter tout crédit à une observation isolée faite par ce procédé. Les durées du passage, observées par quatre astronomes différents, varient depuis $2^h 37^m 32^s$ jusqu'à $2^h 43^m 53^s$; c'est-à-dire qu'il y a plus de six minutes de différence entre les résultats extrêmes. Or, chaque minute de temps équivaut à 17",7 de degré en longitude héliocentrique à l'instant de l'entrée, et à 10",3 à l'instant de la sortie. Dans les passages de mai, le mouvement relatif est plus lent, et l'erreur du temps a moins d'influence; mais, d'un autre côté, l'observation est plus difficile, les chances de l'erreur sur le temps variant en raison inverse du mouvement relatif: l'erreur en longitude doit donc être à peu près la même dans tous les cas.

Dans les passages de 1736 et de 1743, les astronomes ont pris, par un grand nombre de mesures micrométriques, la position relative de Mercure pendant qu'il passait sur le Soleil. Si l'on consulte les *Mémoires de l'Académie des Sciences* pour ces deux années, on verra que les résultats qu'on en a déduits relativement à l'instant de la conjonction sont très-différents entre eux. Ils laisseraient dans la longitude héliocentrique des incertitudes bien supérieures aux petites erreurs dont sont susceptibles les observations de l'entrée et de la sortie. C'est ce qui m'a déterminé à ne faire usage que des observations des contacts dans mes équations de condition.

Passage du 9 novembre 1723.

94. L'entrée a été observée à Paris. Voici les données et le calcul de cette observation :

	1er contact.		
Maraldi. .	$14^h 51^m 48^s$	Moyenne des deux observations. .	$14^h 51^m 48^s,0$
Cassini. . .	$14.51.48$	Équation du temps.	$11.44.\ 7,6$
		Temps moyen de la phase.	$14^h 35^m 55^s,6$

Longitude géocentrique l de Mercure.	$226° 56' 20'',4$
Latitude géocentrique s de Mercure. .	$3' 24'',7$
Longitude $\odot$ du Soleil.	$226° 40' 21'',6$
Latitude σ du Soleil.	$-\ \ 9'',2$
Distance c des centres.	$963'',3$
Erreur tabulaire τ.	$207^s,2$

$$\delta e - 0,23\,\delta\lambda + 2,21\,\delta c - 42'',2 = 0.$$

Passage du 6 mai 1707.

95. Les Tables de Mercure par de Lahire se trouvaient d'accord, en 1701 et 1705, avec des observations méridiennes. Suivant l'observation méridienne du 12 avril 1707, elles étaient encore exactes. De Lahire se croyait donc certain d'avoir prédit juste en annonçant pour le 5 mai un passage de Mercure sur le Soleil, visible à Paris. Le 5 mai, cependant, le Soleil fut visible toute la journée, depuis son lever jusqu'à son coucher, et l'on n'aperçut aucune trace du passage annoncé. Il n'eut effectivement lieu que dans la nuit suivante, et la fin fut entrevue à Copenhague par Rœmer, le 6 mai au matin. Les nuages empêchèrent Rœmer de prendre aucune mesure exacte.

Passage du 3 novembre 1697.

96. La sortie a été observée à Paris par Cassini et à Nuremberg par Wurtzelbaur. Mais ce dernier astronome s'étant servi de la chambre obscure, je ne ferai usage que de l'observation de Cassini, rapportée en ces termes :

« Horâ $8^h 8^m 38^s$, margo præcedens Mercurii pervenit ad Solis marginem » præcedentem. »

L'équation du temps étant de $11^h 43^m 52^s,6$, le second contact interne a donc eu lieu à $7^h 52^m 30^s,6$ de temps moyen, et l'on en déduit :

Longitude géocentrique l de Mercure. .		221° 27′ 24″,9
Latitude géocentrique s de Mercure. .	—	9′ 5″,6
Longitude ⊙ du Soleil.		221° 40′ 19″,4
Latitude σ du Soleil.	—	6″,9
Distance r des centres.		962″,3
Erreur tabulaire τ.		962ˢ,1

$$\delta v - 0,67\,\delta\lambda - 2,58\,\delta e - 49'',2 = 0.$$

Passage du 10 novembre 1690.

97. L'observation de la sortie a été faite à Nuremberg par Wurtzelbaur, qui en rend compte en ces termes, dans les *Transactions philosophiques* de 1693 :

« Tubum illò ubi emersio Solis è nubibus expectanda erat direxi; et » postquàm emergens ejus discus ad tabulam observatoriam affluxerat..... » (Ainsi Wurtzelbaur observait sur l'image du Soleil). Tandem cùm limbi » mutuo contactu se stringerent..... et postquàm limbus uterque ad minu- » tum ferè sibi invicem adhæsitare viderentur, H. 8. Min. 36, oscillatorii » nostri, Mercurius totus disco exiisse observatus est. »

Suivent des observations de Pégase et d'Andromède, des hauteurs du Soleil pour avoir le temps de l'horloge.

La sortie a encore été observée à Erfurt, à Canton, à Ttchaotcheou ; mais toutes ces observations m'ont peu satisfait, et je ne les ai pas calculées.

Passage du 7 novembre 1677.

98. Cette époque commençant à s'éloigner de nous, j'ai craint que les Tables du Soleil ne fussent plus suffisamment exactes, et je n'ai pas fait entrer ce passage dans mes équations de condition. Toutefois, comme il a été observé à Sainte-Hélène par Halley, je n'ai pas laissé de le calculer, afin de voir comment j'y satisferais au moyen de mes éléments rectifiés. Ce passage a encore été observé à Avignon par Gallet; mais comme il a employé la chambre obscure, je ne ferai pas usage de ses résultats.

Des observations du premier et du second contact internes, il résulte que le milieu du passage a été vu par Halley à $12^h\,3^m\,50^s$, temps vrai de son observatoire, c'est-à-dire à $12^h\,20^m\,9^s$, temps moyen de l'Observatoire de Paris. En comparant ce résultat avec les Tables provisoires, on trouve pour la correction de la longitude héliocentrique :

$$\delta v = 69'',9.$$

Passage du 3 *mai* 1661.

99. Quoiqu'il n'ait été observé qu'à la chambre obscure par Hevelius, la supériorité du talent d'observation de cet illustre astronome nous fait un devoir de calculer ses résultats. Nous les comparerons à nos Tables rectifiées, mais sans les faire entrer dans les équations de condition.

Hevelius nous a laissé la mesure de sept distances de Mercure à l'extrémité de la corde qu'il parcourut sur le Soleil, ce qui, avec les temps correspondants, équivaut à sept observations du milieu du passage. La première observation diffère de la moyenne des six autres de plus de 5^m de temps. Nous la laisserons de côté, et nous aurons ainsi :

Milieu du passage, temps vrai de Dantzick. . . .	$18^h\ 7^m\ 3^s,7$
Équation du temps.	$11\ 56\ 24,4$
Longitude ouest de Dantzick.	$22\ 54\ 43,0$
Temps moyen du milieu du passage.	$16^h\,58^m\,11^s,1$

En comparant ce moment à celui qu'on déduirait des Tables provisoires, j'ai trouvé pour la correction de la longitude héliocentrique :

$$\delta v = 42'',5 + 0,18\delta\lambda.$$

Passage du 3 *novembre* 1651.

100. Il n'a été vu qu'imparfaitement à Surate, dans les Indes, par Skakerleus.

Passage du 7 *novembre* 1631.

101. C'est le premier passage de Mercure sur le Soleil qui ait été observé. Gassendi ne nous a laissé aucune autre détermination que l'instant de la sortie pris à la chambre obscure. Comme on ne peut répondre de l'exactitude de cette observation, je ne l'ai pas calculée.

§ V.

Équations de condition, déduites des passages de Mercure sur le Soleil, entre les corrections des éléments elliptiques, du diamètre du Soleil et de la masse de Vénus.

102. Il faudra, pour obtenir ces équations, remplacer, dans les expressions de la correction δv, déduites soit de l'observation de l'entrée, soit de celle de la sortie, δv et $\delta \lambda$ par leurs valeurs nos **68** et **75**.

De plus, la constante ϖ de la longitude du périhélie devra être remplacée par $\varpi + 2'',81\,.\,t\nu'$; et la constante θ de la longitude du nœud devra être remplacée par $\theta - 4'',09\,.\,t\nu'$.

On aura ainsi les équations suivantes, dans lesquelles celles qui proviennent de l'observation de l'entrée sont marquées par la lettre E, celles qui proviennent de l'observation de la sortie étant indiquées par la lettre S.

1697 S. $-138{,}75\,\delta n + 1{,}36\,\delta\varepsilon - 1{,}06\,\delta e - 0{,}440\,\delta\varpi + 0{,}03\,\delta\varphi + 0{,}082\,\delta\theta - 2{,}58\,\delta c + 160{,}6\,\nu' - 49'',2 = 0$

1723 E. $-110{,}52\,\delta n + 1{,}45\,\delta\varepsilon - 1{,}00\,\delta e - 0{,}480\,\delta\varpi - 0{,}00\,\delta\varphi + 0{,}028\,\delta\theta + 2{,}21\,\delta c + 111{,}4\,\nu' - 42'',2 = 0$

1736 E. $-79{,}69\,\delta n + 1{,}26\,\delta\varepsilon - 0{,}78\,\delta e - 0{,}423\,\delta\varpi - 0{,}09\,\delta\varphi + 0{,}161\,\delta\theta + 3{,}58\,\delta c + 116{,}6\,\nu' - 30'',4 = 0$

1736 S. $-125{,}60\,\delta n + 1{,}99\,\delta\varepsilon - 1{,}20\,\delta e - 0{,}670\,\delta\varpi + 0{,}21\,\delta\varphi - 0{,}320\,\delta\theta - 6{,}07\,\delta c + 36{,}2\,\nu' - 13'',9 = 0$

1743 E. $-92{,}35\,\delta n + 1{,}65\,\delta\varepsilon - 1{,}30\,\delta e - 0{,}531\,\delta\varpi - 0{,}05\,\delta\varphi - 0{,}114\,\delta\theta + 2{,}92\,\delta c + 57{,}6\,\nu' - 30'',2 = 0$

1743 S. $-78{,}13\,\delta n + 1{,}39\,\delta\varepsilon - 1{,}07\,\delta e - 0{,}451\,\delta\varpi + 0{,}02\,\delta\varphi + 0{,}060\,\delta\theta - 2{,}39\,\delta c + 84{,}9\,\nu' - 16'',7 = 0$

1753 S. $-34{,}60\,\delta n + 0{,}74\,\delta\varepsilon + 0{,}92\,\delta e + 0{,}300\,\delta\varpi + 0{,}01\,\delta\varphi - 0{,}043\,\delta\theta - 1{,}31\,\delta c - 47{,}5\,\nu' - 7'',1 = 0$

1769 E. $-43{,}12\,\delta n + 1{,}43\,\delta\varepsilon - 0{,}97\,\delta e - 0{,}474\,\delta\varpi - 0{,}01\,\delta\varphi + 0{,}043\,\delta\theta + 2{,}28\,\delta c + 45{,}5\,\nu' - 11'',0 = 0$

1782 E. $-17{,}29\,\delta n + 1{,}01\,\delta\varepsilon - 0{,}61\,\delta e - 0{,}339\,\delta\varpi - 0{,}21\,\delta\varphi + 0{,}330\,\delta\theta + 6{,}01\,\delta c + 39{,}5\,\nu' - 25'',6 = 0$

1782 S. $-18{,}35\,\delta n + 1{,}07\,\delta\varepsilon - 0{,}64\,\delta e - 0{,}360\,\delta\varpi + 0{,}32\,\delta\varphi - 0{,}460\,\delta\theta - 8{,}18\,\delta c - 14{,}9\,\nu' + 32'',1 = 0$

1786 E. $-11{,}69\,\delta n + 0{,}86\,\delta\varepsilon + 1{,}16\,\delta e + 0{,}329\,\delta\varpi - 0{,}06\,\delta\varphi - 0{,}189\,\delta\theta + 2{,}21\,\delta c - 23{,}1\,\nu' - 5'',3 = 0$

1786 S. $-8{,}91\,\delta n + 0{,}66\,\delta\varepsilon + 0{,}87\,\delta e + 0{,}255\,\delta\varpi + 0{,}02\,\delta\varphi + 0{,}090\,\delta\theta - 1{,}54\,\delta c - 4{,}7\,\nu' - 3'',8 = 0$

1789	E.	$-16,31\delta n + 1,61\delta\varepsilon - 1,27\delta e - 0,519\delta\varpi - 0,03\delta\varphi - 0,088\delta\theta + 2,64\delta c + 11,2\nu' + 7'',4 = 0$
	S.	$-14,42\delta n + 1,42\delta\varepsilon - 1,08\delta e - 0,463\delta\varpi - 0,01\delta\varphi + 0,041\delta\theta - 2,27\delta c + 14,9\nu' + 11'',4 = 0$
1799	E.	$-0,46\delta n + 0,70\delta\varepsilon + 0,87\delta e + 0,280\delta\varpi - 0,00\delta\varphi + 0,024\delta\theta + 1,25\delta c - 0,5\nu' - 4'',9 = 0$
	S.	$-0,50\delta n + 0,77\delta\varepsilon + 0,93\delta e + 0,311\delta\varpi + 0,02\delta\varphi - 0,076\delta\theta - 1,44\delta c - 0,8\nu' - 0'',9 = 0$
1802	S.	$4,38\delta n + 1,53\delta\varepsilon - 1,07\delta e + 0,506\delta\varpi + 0,00\delta\varphi - 0,026\delta\theta - 2,20\delta c - 3,8\nu' + 22'',0 = 0$
1832	E.	$25,79\delta n + 0,80\delta\varepsilon + 1,07\delta e + 0,309\delta\varpi - 0,03\delta\varphi - 0,106\delta\theta + 1,63\delta c + 42,1\nu' + 1'',9 = 0$
	S.	$22,20\delta n + 0,69\delta\varepsilon + 0,90\delta e + 0,268\delta\varpi + 0,01\delta\varphi + 0,045\delta\theta - 1,30\delta c + 18,4\nu' + 4'',4 = 0$

—

§ VI.

Détermination des nouveaux éléments de l'orbite de Mercure; du diamètre du Soleil, et de la masse de Vénus.

105. J'ai traité par la méthode des moindres carrés le système des équations n^{os} **74** et **77**, en multipliant chaque équation par le coefficient de l'inconnue qu'on considère, et par le nombre des observations qui sont entrées dans la détermination de la constante de cette équation. Aux équations résultantes, j'ai ajouté celles qu'on déduit des équations fournies par les passages, et traitées par la même méthode. Réduisant enfin à l'unité le coefficient de l'inconnue dans l'équation qui lui correspond, j'ai obtenu les huit équations suivantes entre les huit inconnues δn, $\delta\varepsilon$, δe, $\delta\varpi$, $\delta\varphi$, $\delta\theta$, ν' et δc:

$$\delta n = -0,3310 + 0,0086\,\delta\varepsilon - 0,0094\,\delta e - 0,00354\,\delta\varpi + 0,0002\,\delta\varphi - 0,00025\,\delta\theta - 0,0056\,\delta c + 0,693\,\nu',$$

$$\delta\varepsilon = -0,488 + 15,990\,\delta n + 0,182\,\delta e + 0,204\,\delta\varpi - 0,006\,\delta\varphi + 0,019\,\delta\theta + 0,177\,\delta c - 20,546\,\nu',$$

$$\delta e = -4,622 - 11,153\,\delta n + 0,121\,\delta\varepsilon - 0,107\,\delta\varpi + 0,003\,\delta\varphi - 0,001\,\delta\theta - 0,067\,\delta c + 9,336\,\nu',$$

$$\delta\varpi = 4,824 - 61,152\,\delta n + 1,760\,\delta\varepsilon - 1,560\,\delta e + 0,025\,\delta\varphi - 0,027\,\delta\theta - 0,553\,\delta c + 61,956\,\nu',$$

$$
\begin{aligned}
\delta\varphi &= -2,438 + 0,820\,\delta n - 0,010\,\delta\varepsilon + 0,011\,\delta e + 0,005\,\delta\varpi \\
&\qquad + 0,028\,\delta\theta + 0,214\,\delta c + 0,399\,\nu', \\
\delta\theta &= 38,670 - 18,451\,\delta n + 0,706\,\delta\varepsilon - 0,075\,\delta e - 0,100\,\delta\varpi \\
&\qquad + 0,688\,\delta\varphi - 5,867\,\delta c - 38,807\,\nu', \\
\delta c &= 2,424 - 2,362\,\delta n + 0,041\,\delta\varepsilon - 0,018\,\delta e - 0,011\,\delta\varpi \\
&\qquad + 0,028\,\delta\varphi - 0,032\,\delta\theta - 2,320\,\nu', \\
\nu' &= 0,2886 + 0,8212\,\delta n - 0,0126\,\delta\varepsilon + 0,0093\,\delta e + 0,00429\,\delta\varpi \\
&\qquad + 0,0002\,\delta\varphi - 0,00063\,\delta\theta - 0,0072\,\delta c.
\end{aligned}
$$

Ces équations fournissent pour les valeurs des inconnues qu'elles renferment :

$$
\begin{aligned}
\delta n &= -\ 0'',424, \\
\delta\varepsilon &= -\ 0'',36, \\
\delta e &= -\ 3'',63, \\
\delta\varpi &= 35'',78, \\
\delta\varphi &= -\ 1'',30, \\
\delta\theta &= 28'',70, \\
\delta c &= 2'',06, \\
\nu' &= 0'',031.
\end{aligned}
$$

104. La correction $\nu' = 0,031$ nous donne pour la masse de Vénus :

$$m' = \frac{1}{390000}.$$

La différence de cette masse avec celle déterminée par Burckhardt ne produit en cent ans que 8'',7 sur la longitude du périhélie de Mercure ; quantité dont je ne crois pas qu'on puisse répondre d'une manière absolue par les observations. La théorie de Mercure conduit donc à une masse de Vénus, très-peu différente de celle qu'a donnée la variation de l'obliquité de l'écliptique ; et c'est un résultat dont on a lieu d'être satisfait.

105. Une correction de 0'',424 par année sur le moyen mouvement, et dont l'effet doit aller en s'accumulant, est sans doute considérable ; mais, sans elle, il est impossible de représenter simultanément les anciennes observations et les nouvelles. J'ajouterai même que la discussion des trois cent quatre-vingt-dix-sept observations méridiennes que j'ai empruntées aux registres de l'Observatoire de Paris, depuis 1801 jusqu'en 1842, m'avait fourni à elle seule une diminution plus considérable.

Nous avons donc, pour l'expression du moyen mouvement, en $365^j,25$, et rapporté à l'équinoxe mobile, en vertu de la précession :

$$49^s 24^\circ 44' 26'',441.$$

En retranchant du moyen mouvement la précession annuelle $50'',223$, on aura le moyen mouvement sidéral

$$n = 5\,381\,016'',218;$$

d'où l'on déduira, conformément à la remarque du n° **48**, la valeur suivante du demi-grand axe :

$$a = 0,387.098.4.$$

106. La longitude de l'époque, rapportée au minuit qui sépare le 31 décembre 1799 du 1er janvier 1800, temps moyen de l'Observatoire de Paris, sera

$$\varepsilon = 3^s 20^\circ 13' 17'',84.$$

107. L'expression $\delta e = -3'',63$ donne, pour le rapport de l'arc correspondant au rayon, $-0,000.017.6$. En sorte que l'excentricité pour le 1er janvier 1800 est égale à

$$e = 0,205.600.3.$$

108. La longitude ϖ du périhélie au 1er janvier 1800 était, suivant nos déterminations,

$$\varpi = 2^s 14^\circ 20' 41'',6.$$

La correction $35'',8$ que j'ai apportée à cet élément est assez considérable, eu égard à la grande excentricité de l'orbite. Il en peut résulter près de $20''$ de variation sur la longitude héliocentrique.

Afin de m'assurer que les corrections que je viens d'indiquer étaient exactes, et ne seraient guère différentes si l'on employait un plus grand nombre d'observations, j'ai séparé mes observations méridiennes en deux groupes, chacun de cent quatre-vingt-dix-huit observations prises au hasard ; et j'ai cherché les corrections qui seraient données par chacun de ces groupes en particulier. Elles se sont trouvées à peu près les mêmes. Puis, en réunissant toutes les équations avec celles déduites de la considération des passages de Mercure sur le Soleil, j'ai déduit une troisième détermination, encore très-voisine des deux premières. Je dois donc supposer que cette moyenne, à laquelle je me suis arrêté, est fort exacte.

109. Voici les expressions de l'inclinaison de l'orbite et de la longitude du nœud, pour le 1er janvier 1800 :

$$\varphi = 7^{\circ}\ 0'\ 4'',60,$$
$$\theta = 1^{s}\ 15^{\circ}57'37'',70.$$

Diamètre du Soleil.

110. Les passages de Mercure sur le Soleil fournissent, par la comparaison de l'entrée avec la sortie, un moyen précis d'obtenir le véritable diamètre du Soleil, pourvu que celui de la planète soit connu avec exactitude. On se rappellera que nous avons employé le demi-diamètre solaire des Tables de Delambre, diminué de 3'',6; le demi-diamètre de Mercure étant supposé de 3'',25 à la distance moyenne. Et nous avons reconnu, par la valeur trouvée pour δc, qu'avec ces hypothèses la diminution de 3'',6 était trop forte et devait être réduite à 1'',54.

Je supposerai ici le demi-diamètre de Mercure égal à 3'',34 à la distance moyenne, nombre qui me paraît exact. D'une part, suivant les idées qu'on s'est faites de l'irradiation, le diamètre de Mercure obtenu par des mesures micrométriques, lorsque cette planète se projette sur le Soleil, devrait être trop petit du double de l'irradiation. Mais, d'un autre côté, en suivant ces mêmes idées, on reconnaît que le demi-diamètre déduit du temps écoulé entre les seconds contacts interne et externe doit être indépendant de l'irradiation. Ce dernier procédé est d'ailleurs exact, puisque les deux derniers contacts s'observent avec précision; et le résultat qu'il fournit s'accorde parfaitement avec les mesures micrométriques. C'est un fait difficile à concilier avec l'hypothèse de l'irradiation.

Les passages de Mercure conduisent tous à peu près au même diamètre du Soleil, à l'exception de celui du 6 novembre 1756. Mais, si je ne me trompe, il n'en peut surgir aucune difficulté, l'exagération du résultat étant plus que suffisante pour le faire rejeter sans scrupule, ainsi que je l'ai expliqué dans la discussion de ce passage (nº 89).

L'emploi des autres passages m'a conduit à la détermination d'un demi-diamètre que je regarde comme très-précis, et dans lequel je ne soupçonne pas une erreur de plus d'un dixième de seconde. Car, en laissant de côté un ou deux passages, les autres conduisent toujours sensiblement au même résultat. Voici ce demi-diamètre, réduit à la distance moyenne et comparé à ceux de Short, de Lalande et des *Éphémérides de Berlin*.

Demi-diamètre du Soleil suivant Short.	15'59'',86
Demi-diamètre du Soleil déduit des passages de Mercure.	16' 0'',01
Demi-diamètre du Soleil suivant les *Éphémérides de Berlin*	16' 0'',93
Demi-diamètre du Soleil suivant Lalande.	16' 1'',36

L'observation de Short était, je crois, fort bonne, et c'est celle dont je me rapproche le plus. Mon résultat servira, je l'espère, à éclaircir les doutes qui pourraient rester sur l'influence de l'irradiation dans les éclipses de Soleil, irradiation dont on a au moins fort exagéré les effets.

De l'introduction de nouvelles observations dans les équations de condition.

111. Les équations de condition sur lesquelles j'ai basé la rectification des éléments de l'orbite de Mercure s'appuient sur un assez grand nombre d'observations anciennes et modernes, et les représentent toutes assez parfaitement pour qu'il me paraisse inutile de rien changer à ces équations sous ce rapport. Mais la perfection progressive des Tables, à laquelle on ne doit jamais renoncer, exigera que de temps à autre on apporte à ces équations les modifications qui seront indiquées par les observations postérieures à 1842. Ces changements se feront aisément, en comparant les observations à des éphémérides supposées construites sur les nouvelles Tables.

Appelons $\delta' n$, $\delta' \varepsilon$, $\delta' e$,... les corrections à introduire dans les nouveaux éléments. Les équations de condition, déduites des nouvelles observations comparées avec mes Tables, renfermeront ces quantités comme inconnues. Ce sont ces équations qu'il s'agit de joindre aux équations du n° **105**.

Remplaçons dans ces dernières δn, $\delta \varepsilon$,... respectivement par $\delta n + \delta' n$, $\delta \varepsilon + \delta' \varepsilon$,.... En vertu de la première détermination, les termes en δn, $\delta \varepsilon$,... détruiront les constantes des équations : en sorte qu'on pourra dans ces équations remplacer δn, $\delta \varepsilon$,... par $\delta' n$, $\delta' \varepsilon$,..., pourvu qu'on y efface les constantes.

De plus, dans le n° **105** j'ai réduit à l'unité le coefficient de δn dans l'équation qui est relative à cette correction, en divisant par 86225 l'équation telle qu'elle était fournie par la méthode des moindres carrés. Il faudra diviser par le même nombre l'équation en $\delta' n$ fournie par les nouvelles observations, avant de l'ajouter à la première des équations **105**.

Il faudra diviser de même les équations correspondantes aux autres inconnues par les nombres suivants :

L'équation correspondante à $\delta' \varepsilon$ par 45
L'équation correspondante à $\delta' e$ par 70
L'équation correspondante à $\delta' \varpi$ par 5,03
L'équation correspondante à $\delta' \varphi$ par 25,5
L'équation correspondante à $\delta' \theta$ par 1,18
L'équation correspondante à $\delta' c$ par 213
L'équation correspondante à $\delta' \nu'$ par 72795

J'espère avoir le loisir de faire connaître les corrections que les observations postérieures au 18 juillet 1842 apporteront annuellement aux équations (**103**), et de maintenir ainsi la théorie de Mercure toujours appuyée sur les observations les plus récentes.

112. *Comparaison de la longitude héliocentrique de Mercure, calculée par les nouvelles Tables, aux instants des passages sur le Soleil, avec celle qu'on a déduite de l'observation.*

DATES.	PHASE CALCULÉE.	ERREURS TABULAIRES avec les éléments	
		provisoires.	rectifiés.
1832	Entrée et sortie......	3″,4	— 0″,1
1802	Sortie..............	23,3	0,0
1799	Entrée et sortie......	— 3,3	3,4
1789	Entrée et sortie......	9,7	2,3
1786	Entrée et sortie......	— 4,4	5,1
1782	Entrée.............	— 25,6	— 5,2
1782	Sortie..............	32,1	— 2,0
1769	Entrée.............	— 11,0	0,7
1753	Sortie..............	— 7,1	9,3
1743	Entrée et sortie......	— 23,5	0,9
1736	Entrée et sortie......	— 22,2	2,2
1723	Entrée.............	— 42,2	— 0,6
1697	Sortie..............	— 49,2	— 0,8
1677	Entrée et sortie......	— 69,9	— 1,7
1661	Milieu du passage.....	— 42,5	2,6

Je dois ajouter, pour l'intelligence de ce tableau, que la comparaison qu'il renferme a été obtenue, au moyen des équations de condition, en faisant porter toutes les erreurs sur la longitude de la planète, et en supposant sa latitude exacte. L'observation de 1782, qui donnait par ce moyen deux corrections si différentes l'une de l'autre, par le calcul de l'entrée et de la sortie, fait au moyen des anciennes Tables, fournit, avec les nouveaux éléments, deux corrections concordantes. Cette observation est très-propre à montrer la nécessité des corrections que j'ai apportées au nœud de Mercure et au diamètre du Soleil.

TROISIÈME PARTIE.

CONSTRUCTION DES TABLES USUELLES.

113. Les Tables des planètes ont pour but immédiat le calcul du lieu héliocentrique de l'astre à un instant déterminé. Au temps, qui se trouve ainsi l'argument naturel, on substitue d'abord la *longitude moyenne*. En retranchant de celle-ci la longitude du périhélie, on obtient l'argument appelé *anomalie moyenne*, qui sert aux calculs de l'équation du centre et du rayon vecteur. Enfin, quand la longitude dans l'orbite est obtenue, on en retranche la longitude du nœud, ce qui fournit l'*argument de la latitude*, au moyen duquel on obtient la réduction à l'écliptique, et la latitude héliocentrique.

Cette multiplicité d'arguments oblige l'astronome qui veut calculer un lieu, à recourir à un grand nombre de Tables. Les facteurs, les signes des *parties proportionnelles* changent sans cesse; et l'on passe par un grand nombre d'intermédiaires avant d'arriver à *la longitude réduite à l'écliptique*, à *la latitude héliocentrique* et au *logarithme du rayon vecteur projeté sur l'écliptique*, les trois seules quantités dont on fasse emploi pour en déduire le lieu géocentrique. Mon but principal est ici de montrer qu'on arrive beaucoup plus rapidement aux trois coordonnées héliocentriques en *prenant le temps pour unique argument.*

La forme nouvelle que je donne aux Tables abrégera beaucoup le calcul des éphémérides: j'aurais donc pu m'en tenir à cette forme pour la construction des Tables de Mercure. Je pourrais supprimer complétement les Tables de la longitude moyenne, des longitudes du périhélie et du nœud, de l'équation du centre, etc., dont je ne fais plus aucun usage; mais l'habitude où l'on est d'avoir ces Tables sous la main pourrait quelquefois les faire regretter. On peut désirer d'ailleurs de pouvoir vérifier, à l'égard d'une disposition nouvelle, qu'elle fournit les mêmes résultats numériques que la disposition en usage.

Je me suis donc décidé à donner les Tables de Mercure sous les deux formes, ancienne et nouvelle. Chacun pourra les comparer, et choisir. J'ai toutefois la confiance qu'on s'en tiendra définitivement au mode de disposition que j'ai introduit, et dont les avantages réels frapperont tous ceux qui ont à faire usage des Tables pour la construction des éphémérides.

J'exposerai successivement la construction des Tables du mouvement elliptique suivant la forme ancienne et suivant la nouvelle. Je parlerai en troisième lieu des Tables des perturbations.

—

§ I.

Tables du mouvement elliptique, suivant l'ancienne forme.

Tables de la longitude moyenne.

114. Conformément à l'usage, nous calculerons la longitude moyenne à une époque donnée, en prenant d'abord sa valeur au commencement de l'année, savoir, au minuit moyen qui sépare le 31 décembre du 1er janvier; en ajoutant ensuite le mouvement en longitude moyenne pour le nombre entier de jours écoulés depuis le 1er janvier, puis enfin le mouvement pendant les heures, minutes et secondes du jour que l'on considère.

Nous supposons que le temps moyen soit celui de l'Observatoire de Paris. Si l'on voulait calculer pour le temps moyen d'un autre observatoire, on ferait d'abord à ce temps la correction nécessaire pour le ramener au temps moyen de Paris. Cette marche, très-simple à suivre dès qu'on connaît la différence des deux observatoires en longitude, me paraît rendre inutile la Table qui aurait pour but de donner la réduction des longitudes moyennes au temps moyen des autres observatoires.

Notre point de départ est la longitude moyenne au 1er janvier 1800, que nous avons trouvée égale à $3^s 20^\circ 13' 17'',84$.

Le mouvement en $365^j,25$ est, par rapport à l'équinoxe moyen, de $49^s 24^\circ 44' 26'',441$. On en déduit successivement :

Mouvement en cent années juliennes.	$2^s 14^\circ\ 4'\ 4'',100$
Mouvement en une année commune.	49.23.43. 3 ,302
Mouvement en une année bissextile.	49.27.48.35 ,859
Mouvement en un jour moyen. . . .	4. 5.32 ,557.

Avec ces nombres, on conclura facilement les époques de chaque année. La Table I les comprend pour toutes les années où l'on a observé des passages de Mercure sur le Soleil, et depuis l'année 1750 jusqu'à l'année 1900 sans interruption.

115. On peut déduire les époques des siècles postérieurs de celles du XIXe. Veut-on, par exemple, avoir l'époque de l'an 2525; il suffira d'ajouter à l'époque de 1825 le mouvement en sept siècles moins cinq jours, attendu que parmi les années séculaires, l'an 2000 et l'an 2400 sont seules bissextiles. Les réductions sont ainsi calculées dans la Table II pour vingt siècles après le XIXe.

Remarquons que les époques des siècles doivent être déduites de l'an 1900, et non de l'an 1800, pour que l'usage de la Table II soit exact. Cela tient, comme on le sait, à l'irrégularité de l'intercalation des bissextiles.

116. La règle à suivre pour obtenir les époques des siècles antérieurs est un peu moins simple à cause de la réforme grégorienne qui eut lieu en 1582 : ce qui fait qu'on doit opérer différemment avant le 4 octobre ou après le 15 octobre de cette année.

Après le 15 octobre 1582, ou pour ce jour même. Pour passer de l'époque d'une année du XIXe siècle à celle d'une année du XVIIIe siècle, par exemple, il faut retrancher de la première

$$100\mathrm{J} - m,$$

J étant le mouvement en une année julienne, et m le mouvement en un jour moyen; ou, ce qui revient au même, il faut ajouter $12^s + m - 100\mathrm{J}$. On trouve ainsi les réductions suivantes :

Pour 100 années grégoriennes, la réduction $= 12^s + m - 100\mathrm{J}$,
Pour 200 années grégoriennes, la réduction $= 12^s + 2m - 200\mathrm{J}$,
Pour 300 années grégoriennes, la réduction $= 12^s + 2m - 300\mathrm{J}$.

Avant le 4 octobre 1582, ou pour ce jour même. Pour que la réduction des 300 années grégoriennes pût s'appliquer au 4 octobre 1582, il faudrait déduire la longitude de ce jour de celle du 14 octobre 1882. Mais si l'on veut, pour plus de commodité, la déduire de celle du jour homonyme, c'est-à-dire de celle du 4 octobre 1882, le résultat sera trop faible du mouvement en dix jours; en sorte que la correction pour trois cents ans, propre à nous amener au style julien, surpassera de $10m$ la correction correspondante faite dans le style grégorien, et l'on aura, style julien :

Pour 3 siècles, la réduction $= 12^s + 12m - 300\mathrm{J}$,
Pour $3 + n$ siècles, la réduction $= 12^s + 12m - (300 + n)\mathrm{J}$.

Ces réductions séculaires se trouvent dans la Table II pour vingt siècles avant le XIXe.

117. La Table III, placée dans la même page que la Table II, présente l'inégalité de la précession calculée par la formule

$$\text{Inégalité de la précession} = 0'',000.122 t^2.$$

t est le nombre d'années écoulées depuis le 1er janvier 1800.

118. Le mouvement de la longitude moyenne pour les mois et les jours écoulés depuis le 1er janvier, se trouve dans la Table IV, et n'a besoin d'aucune explication. Il est différent après le mois de février, selon que l'année est ou n'est pas bissextile.

La Table V présente le mouvement de la longitude moyenne pour les heures, minutes et secondes.

119. Exemple. *On demande la longitude moyenne de Mercure pour le 3 janvier 1852, à midi moyen, temps de l'Observatoire de Paris.*

Je trouve, au moyen des Tables I, III, IV et V :

		s ° ′ ″
Longit. moyenne.	Table I. Époques de 1852.	2. 12. 38. 40, 2
	Table IV. Mouvement pour les jours.	8. 11. 5, 1
	Table V. Mouvement pour 12 heures.	2. 2. 46, 3
	Table III. Inégalité de la précession. .	0, 3
Longitude moyenne le 3 janvier 1852 à midi moyen.		2s 22° 52′ 31″, 9

Longitude du périhélie, et anomalie moyenne.

120. t étant le temps compté à partir du 1er janvier 1800, nous avons trouvé que la longitude du périhélie, comptée à partir de l'équinoxe moyen, avait pour expression

$$\varpi = 2^s 14^\circ 20' 41'',6 + (55'',502 + 2'',81\nu')t.$$

Mais ν' est, par le no **103**, égal à 0,031. Nous avons donc

$$\varpi = 2^s 14^\circ 20' 41'',6 + 55'',589 t,$$

d'où nous déduirons :

Mouvement du périhélie en cent années juliennes. 1° 32′ 38″,9
Mouvement du périhélie en une année commune. 0. 0.55 ,551
Mouvement du périhélie en une année bissextile. 0. 0.55 ,703
Mouvement du périhélie en un jour moyen. . . 0. 0. 0 ,152

Avec ces nombres, on calculera la longitude du périhélie au commencement de chaque année, ainsi que les réductions nécessaires pour passer de

XIXe siècle aux siècles antérieurs et postérieurs, par les mêmes règles qui ont été suivies pour la longitude moyenne. Les mouvements pour les mois et les jours se formeront également, et se placeront à côté des mouvements de la longitude moyenne dans les mêmes Tables; enfin l'inégalité de la précession est applicable à la longitude du périhélie.

121. La longitude du périhélie, retranchée de la longitude moyenne, donnera l'anomalie moyenne.

Si nous poursuivons le calcul du lieu de Mercure pour le 3 janvier 1852 à midi moyen, nous trouverons:

Long. du périhélie.	Table I. Époque de 1852.	2^s 15° 8′ 52″,1
	Table IV. Mouvement pour les jours.	0 ,3
	Table III. Inégalité de la précession.	0 ,3
	Longitude du périhélie.	2^s 15° 8′ 52″,7
	Longitude moyenne.	2.22.52.31 ,9
	Anomalie moyenne.	0^s 7° 43′ 39″,2

L'anomalie moyenne sert aux calculs de l'équation du centre et du rayon vecteur.

Équation du centre. Longitude vraie dans l'orbite.

122. Désignons toujours par ζ l'anomalie moyenne; nous avons trouvé pour l'excentricité,

$$e = 0{,}205.6003 + (0'',0425 + 0''028\nu')t,$$

ou bien, en ayant égard à la valeur 0,031 de ν',

$$e = 0{,}205.6003 + 0'',0434t.$$

Si nous négligeons la variation séculaire, la formule du n° 6 nous donnera:

$$\begin{aligned}\text{Équation du centre} = {} & 84372'',06 \sin\zeta \\ & + 10731,35 \sin 2\zeta \\ & + 1891,72 \sin 3\zeta \\ & + 381,04 \sin 4\zeta \\ & + 82,54 \sin 5\zeta \\ & + 18,72 \sin 6\zeta \\ & + 4,38 \sin 7\zeta \\ & + 1,05 \sin 8\zeta \\ & + 0,26 \sin 9\zeta \\ & + 0,06 \sin 10\zeta\end{aligned}$$

Pour réduire cette formule en Table, je la calcule d'abord directement de 3 en 3 degrés de la valeur de ζ depuis 0 degré jusqu'à 180 degrés; et en faisant les différences premières, secondes,..., des nombres ainsi obtenus, je trouve :

ANOMALIE moyenne ζ.	ÉQUATION du centre.	DIFFÉRENCES 1res	DIFFÉRENCES 2es.	DIFFÉR. 3es.	DIFFÉR. 4es.
0°	0° 0′ 0″00	1° 39′ 1″87	—0′ 37″50	—36″72	+ 1″25
3	1.39. 1,87	1.38.24,37	—1.14,22	—35,47	+ 2,05
6	3.17.26,24	1.37.10,15	—1.49,69	—33,42	+ 2,51
9	4.54.36,39	1.35.20,46	—2.23,11	—30,91	+ 2,87
12	6.29.56,85	1.32.57,35	—2.54,02	—28,04	
15	8. 2.54,20	1.30. 3,33	—3.22,06		
18	9.32.57,53	1.26.41,27			
21	10.59.38,80				
....	....	....	....	....	....

La marche régulière des quatrièmes différences nous montre que le calcul a été effectué sans aucune faute grave. Comme il est nécessaire, dans l'usage ordinaire des Tables, qu'on puisse se contenter des premières différences, il nous faut actuellement resserrer les intervalles de l'argument en faisant varier l'anomalie moyenne de 10 en 10 minutes; en interpolant par conséquent 17 termes entre chacun de ceux de la Table précédente. Pour former la Table entre 6 et 9 degrés d'anomalie moyenne, par exemple, il faudra calculer les premières, les secondes,... différences pour 6 et 9 degrés dans la Table cherchée, jusqu'aux différences d'un ordre assez élevé pour qu'on puisse, dans cet intervalle, les considérer comme constantes. On peut y parvenir de deux manières.

123. L'équation du centre E peut se représenter par une suite de termes de la forme H $\sin p\zeta$. Écrivons donc

$$\mathrm{E} = \Sigma \mathrm{H}_p \sin p\zeta.$$

Si nous donnons à ζ un accroissement z, et que nous retranchions du terme ainsi obtenu le précédent, nous trouverons, en désignant par Δ^1, Δ^2,... les premières, les secondes,... différences de l'équation du centre :

$$\Delta^1\mathrm{E} = \Sigma \mathrm{H}_p\, 2\sin\frac{pz}{2}\cos\left(p\zeta + \frac{pz}{2}\right).$$

et, en répétant le même calcul sur cette différence, et ainsi de suite, nous aurons :

$$\Delta^2 E = - \Sigma H_p \left(2 \sin \frac{p\alpha}{2}\right)^2 \sin\left(p\zeta + \frac{2p\alpha}{2}\right),$$

$$\Delta^3 E = - \Sigma H_p \left(2 \sin \frac{p\alpha}{2}\right)^3 \cos\left(p\zeta + \frac{3p\alpha}{2}\right),$$

$$\Delta^4 E = + \Sigma H_p \left(2 \sin \frac{p\alpha}{2}\right)^4 \sin\left(p\zeta + \frac{4p\alpha}{2}\right).$$

. . . .

En donnant à H_p les valeurs que ce coefficient a dans l'expression de l'équation du centre, faisant successivement $\zeta = 6^\circ$, $\zeta = 9^\circ$, et attribuant à α la valeur $10'$, on aura les différences demandées.

124. Mais on peut également déduire ces différences, des valeurs premières de la fonction, calculées pour 0°, 3°, 6°,..., ce qui est aussi commode, et nous sera indispensable par la suite, quand nous voudrons interpoler un grand nombre de termes entre des valeurs numériques d'une fonction dont l'expression algébrique n'aura pas été formée.

Soient y_{-2}, y_{-1}, y_0, y_1, y_2 cinq valeurs consécutives d'une fonction, calculées directement, et pour des valeurs assez rapprochées de la variable indépendante pour qu'on puisse regarder les quatrièmes différences comme sensiblement constantes. Nous pourrons représenter la valeur de la fonction dans les environs de la valeur y_0 par la formule

$$y = y_0 + ax + bx^2 + cx^3 + dx^4,$$

x étant la variable indépendante, dont l'unité sera l'intervalle qui sépare les valeurs déjà calculées de y. Cela étant, on aura, pour déterminer a, b, c, d, les quatre équations

$$\begin{aligned}
y_{-2} - y_0 &= -2a + 4b - 8c + 16d,\\
y_{-1} - y_0 &= -a + b - c + d,\\
y_1 - y_0 &= a + b + c + d,\\
y_2 - y_0 &= 2a + 4b + 8c + 16d.
\end{aligned}$$

Les différences de la première et de la quatrième équation, de la seconde et de la troisième équation, fourniront les valeurs de a et c; les sommes des mêmes équations donneront les valeurs de b et d. Et si l'on exprime les différences premières, secondes, troisièmes,... des valeurs de y par les symboles ordinaires $\Delta, \Delta^2, \Delta^3, \ldots$, on aura, après quelques transformations :

$$a = \frac{\Delta y_{-1} + \Delta y_0}{2} - \frac{\Delta^3 y_{-2} + \Delta^3 y_{-1}}{12},$$

$$b = \frac{\Delta^2 y_{-1}}{2} - \frac{\Delta^4 y_{-2}}{24},$$

$$c = \frac{\Delta^3 y_{-2} + \Delta^3 y_{-1}}{12},$$

$$d = \frac{\Delta^4 y_{-2}}{24}.$$

125. Actuellement, si l'on veut introduire n moyennes entre y_0 et y_1, il faudra, pour les calculer, faire successivement dans la valeur de y, $x = \frac{1}{n}$, $x = \frac{2}{n}, \ldots$; et l'on en déduira aisément, en désignant par $\delta, \delta^2, \ldots$ les différences des nombres interpolés :

$$\delta y_0 = \frac{a}{(n+1)} + \frac{b}{(n+1)^2} + \frac{c}{(n+1)^3} + \frac{d}{(n+1)^4},$$

$$\delta^2 y_0 = \frac{2b}{(n+1)^2} + \frac{6c}{(n+1)^3} + \frac{14d}{(n+1)^4},$$

$$\delta^3 y_0 = \frac{6c}{(n+1)^3} + \frac{36d}{(n+1)^4},$$

$$\delta^4 y_0 = \frac{24d}{(n+1)^4}.$$

Cette méthode est, en général, d'une application plus commode que la précédente, et elle offre, en outre, l'avantage de pouvoir toujours s'employer.

Imaginons qu'on parte des différences de l'ordre p, considérées comme constantes depuis y_0 jusqu'à y_1, et supposons que cette hypothèse soit exacte. On ne pourra calculer ces différences que jusqu'à une certaine approximation que je désignerai par ε_p, et il faut examiner quelle influence cette erreur ε_p pourra avoir sur le calcul de y_1 déduit de y_0, au moyen des valeurs des différences. Il est nécessaire que cette influence soit insensible.

Les différences de l'ordre p sont en nombre $n - p + 2$. Chacune est affectée de l'erreur constante ε_p.

Il est aisé de voir, en passant aux différences de l'ordre $p - 1$, qu'elles seront affectées des erreurs suivantes :

$$0\varepsilon_p, \quad 1\varepsilon_p, \quad 2\varepsilon_p, \quad 3\varepsilon_p, \ldots, \quad \text{et} \quad (n-p+2)\varepsilon_p;$$

c'est-à-dire qu'elles seront représentées par la suite des nombres naturels multipliés par ε_p.

De même, on verra que les erreurs des différences de l'ordre $p-2$ seront représentées par les produits de ε_p, par les nombres figurés du second ordre. Et ainsi de suite, on reconnaîtra que l'erreur de y_1 déduite de y_0 sera égale à ε_p multiplié par les sommes des $n-p+2$ premiers *nombres figurés* de l'ordre $(p-1)$, c'est-à-dire à

$$\frac{(n-p+2)(n-p+3)\ldots(n+1)}{1.2\ldots p}\varepsilon_p.$$

En écrivant que cette erreur est au plus égale à la limite de l'erreur qu'on veut tolérer dans y_1 déduit de y_0, on saura quelle est l'approximation ε_p qu'on doit employer dans le calcul de $\delta^p y_0$.

Cela posé, si les valeurs de $\delta^p y_0$ et $\delta^p y_1$ ne diffèrent point entre elles d'une quantité supérieure à ε_p, on pourra considérer les différences de l'ordre p comme constantes dans l'intervalle considéré, et calculer avec sécurité la valeur intermédiaire de la fonction y par le moyen des différences.

126. Dans l'exemple qui nous occupe, on devra faire $n=17$, et l'erreur de y_1 déduit de y_0 ne devra pas surpasser 0",05. On trouve ainsi, en supposant que y_0 corresponde à 6 degrés, et y_1 à 9 degrés d'anomalie moyenne:

$$\begin{aligned}
\delta y_0 &= 326'',177, & \delta^2 y_0 &= -0'',235.6,\\
\delta y_1 &= 320,998, & \delta^2 y_1 &= -0,345.0,\\
\varepsilon_1 &= 0,002.8; & \varepsilon_2 &= 0,000.33;\\
\delta^3 y_0 &= -0,006.17, & \delta^4 y_0 &= +0,000.012,\\
\delta^3 y_1 &= -0,005.88, & \delta^4 y_1 &= 0,000.019,\\
\varepsilon_3 &= 0,000.061; & \varepsilon_4 &= 0,000.016.
\end{aligned}$$

L'approximation ε_4 se trouvant, dans les quatrièmes différences, supérieure à $\delta^4 y_1 - \delta^4 y_0$, on peut considérer ces quatrièmes différences comme constantes. Il sera toutefois plus exact d'attribuer aux quatrièmes différences depuis $\zeta = 6°$ jusqu'à $\zeta = 7°30'$, la valeur 0",00001 de $\delta^4 y_0$, et depuis $\zeta = 7°30'$ jusqu'à $\zeta = 9°$, la valeur 0",00002 de $\delta^4 y_1$. C'est ainsi qu'a été conduit le calcul suivant:

ζ	ÉQUATION du centre.	Δy	$\Delta^2 y$	$\Delta^3 y$	$\Delta^4 y$
6° 0′	3° 17′ 26″,240	5′ 26″ 177.0	−0,235.60	−0,006 17	+0,000.01
10′	3.22.52,417	5.25,941.4	241.77	6.16	1
20′	3.28.18,358	5.25,699.6	247.93	6.15	1
30′	3.33.44,058	5.25,451.7	254.08	6.14	1
40′	3.39. 9,510	5.25,197.6	260.22	6.13	1
50′	3.44.34,708	5.24,937.4	266 35	6.12	1
7° 0′	3.49.59,645	5.24,671.0	272.47	6.11	1
10′	3.55.24,316	5.24,398.5	278.58	6.10	1
20′	4. 0.48,715	5.24,119.9	284.68	6.09	1
30′	4. 6.12,835	5.23,835.2	290.77	6.08	1
40′	4.11.36,670	5.23,544.4	296.85	6.07	2
50′	4.17. 0,214	5.23,247.5	302.92	6.05	2
8° 0′	4.22.23,462	5.22,944.6	308.97	6.03	2
10′	4.27.46,407	5.22,635.6	315.00	6.01	2
20′	4.33. 9,043	5.22,320.6	321 01	5.99	2
30′	4.38.31,364	5.21,999.6	327.00	5.97	....
40′	4.43.53,364	5.21,672.6	332.97		
50′	4.49.15,037	5.21,339.6			
9° 0′	4.54.36,377				

La valeur 4° 54′ 36″,38 de l'équation du centre pour $\zeta = 9°$, déduite de la valeur de cette même équation pour $\zeta = 6°$, ne diffère de la valeur 4° 54′ 36″,39 calculée directement, que de 0″,01, quantité effectivement inférieure à 0″,05.

Je me suis étendu sur la formation de la Table de l'équation du centre, parce que nous aurons un assez grand nombre de Tables à construire par interpolation, et qu'elles ont toutes été obtenues par cette méthode.

127. Les différences secondes de cette Table, construite de 10 en 10 minutes d'anomalie moyenne, ne s'élevant jamais au delà de 0″,95, on en conclut qu'on pourra négliger les secondes différences, sans que l'erreur de l'équation du centre ainsi obtenue puisse s'élever au delà de 0″,12. C'est une erreur qui n'aura ordinairement aucune importance.

On n'a pas donné, dans la Table VI qui renferme l'équation du centre, les différences elles-mêmes des nombres, mais bien les logarithmes de ces différences divisées par 600; c'est-à-dire les logarithmes des variations de l'équation du centre, pour une variation d'une seconde dans l'anomalie moyenne. Comme on n'a jamais à calculer la partie proportionnelle que pour un nombre de minutes et de secondes, dans lequel les minutes ne dépassent pas 9, et qu'on trouve les logarithmes de ces nombres, réduits en secondes, dans les trois premières pages des Tables de logarithmes, on voit que le calcul de la partie proportionnelle se réduira à la simple addition de deux petits logarithmes, dont l'un est dans la Table du mouvement elliptique, et l'autre dans les premières pages des Tables de logarithmes. J'ai suivi le même usage à l'égard de toutes les parties proportionnelles un peu considérables : on évite ainsi aux calculateurs bien des fautes et des ennuis, en les débarrassant du calcul minutieux qu'on a toujours à faire quand on donne les valeurs des différences elles-mêmes, telles qu'elles correspondent à une variation d'une minute dans l'anomalie moyenne.

128. Il nous reste à tenir compte du terme proportionnel au temps, qui entre dans la valeur de l'excentricité. A cause de la petitesse de ce terme, nous pourrons nous borner à prendre la partie proportionnelle au temps, qui en résulte dans l'équation du centre, et nous trouverons ainsi :

$$\text{Variation séculaire de l'équation du centre.} \left\{ \begin{array}{l} + 2'',17 \left\{4 - 6\left(\frac{e}{2}\right)^2 + \frac{25}{3}\left(\frac{e}{2}\right)^4\right\} \sin \zeta \\ + 2'',17 \left\{10\left(\frac{e}{2}\right) - \frac{88}{3}\left(\frac{e}{2}\right)^3 + 34\left(\frac{e}{2}\right)^5\right\} \sin 2\zeta \\ + 2'',17 \left\{26\left(\frac{e}{2}\right)^2 - \frac{215}{2}\left(\frac{e}{2}\right)^4\right\} \sin 3\zeta \\ + 2'',17 \left\{\frac{206}{3}\left(\frac{e}{2}\right)^3 - \frac{1804}{5}\left(\frac{e}{2}\right)^5\right\} \sin 4\zeta \\ + 2'',17 \cdot \frac{1097}{6}\left(\frac{e}{2}\right)^4 \sin 5\zeta \\ + 2'',17 \cdot \frac{2446}{5}\left(\frac{e}{2}\right)^5 \sin 6\zeta, \end{array} \right.$$

ou bien, en réduisant en nombres :

$$\text{Variation séculaire de l'équation du centre.} \left\{ \begin{array}{l} 8'',54 \sin\zeta + 2'',16 \sin 2\zeta \\ + 0,57 \sin 3\zeta + 0,16 \sin 4\zeta \\ + 0,04 \sin 5\zeta + 0,01 \sin 6\zeta; \end{array} \right.$$

c'est cette formule qui a été employée dans la construction de la Table VI, dont voici un extrait

Équation du centre, pour l'an 1800, *avec la variation séculaire.*

Argument. *Anomalie moyenne.*

ANOMALIE moyenne.	ÉQUATION du centre.	LOGARITHME de la différence pour 1″.	VARIATION séculaire.
....	....	....	....
0ˢ 7° 0′	3°49′59″6	9,7333	1″87
10	3.55.24,3	9,7329	1,92
20	4. 0.48,7	9,7326	1,96
30	4. 6.12,8	9,7322	2,01
40	4.11.36,7	9,7318	2,05
50	4.17. 0,2	9,7314	2,09
0 8 0	4.22.23,5	9,7310	2,14
10	4.27.46,4	9,7306	2,18
20	4.33. 9,0	9,7301	2,22
30	4.38.31,4	9,7297	2,27
40	4.43.53,4	9,7292	2,31
50	4.49.15,0	....	2,36
....	....		....

129. Pour obtenir l'équation du centre, dans l'exemple choisi précédemment, j'entrerai dans la Table avec l'anomalie moyenne 0ˢ7°43′39″,2, et je multiplierai la variation séculaire par la fraction de siècle 0,52 écoulée depuis le 1ᵉʳ janvier 1800. Voici le calcul complet de cette opération, qui va nous conduire à l'expression de la longitude vraie dans l'orbite :

Équation pour 0ˢ7°40′		4° 11′ 36″,7
Log. de la différence pour 1″....	9,7318	
Log. de 3′39″,2................	2,3408	
Log. de la partie proportionnelle..	2,0726	
Partie proportionnelle........................		1.58,2
Variation séculaire........................		1,1
Équation du centre........................		4° 13′ 36″,0
Longitude moyenne........................		[illegible]
Longitude vraie dans l'orbite........................		[illegible]

Longitude du nœud ascendant. Argument de la latitude.

130. Nous avons trouvé

$$\theta = 1^s 15^\circ 57' 37'',7 + (42'',638 - 4'',09\,\nu')\,t;$$

d'où, en ayant égard à la valeur 0,031 de ν',

$$\theta = 1^s 15^\circ 57' 37'',7 + 42'',511\,t.$$

		s	°	'	"
Mouvement du nœud en 100 années juliennes.	=	1.	10.	51,	1
Mouvement du nœud en une année commune.	=	0.	0.	42,	482
Mouvement du nœud en une année bissextile. .	=	0.	0.	42,	599
Mouvement du nœud en un jour moyen	=	0.	0.	0,	117

Les Tables des positions et des mouvements du nœud ont été construites d'après les mêmes règles que celles de la longitude moyenne. L'inégalité de la précession est applicable à ces positions.

Sachant d'ailleurs que l'argument de la latitude est égal à la longitude vraie dans l'orbite, diminuée de la longitude du nœud, nous trouverons, au moyen des Tables I, III et IV :

			s ° ' "
Long. du nœud	Table I. Époque de 1852		1. 16. 34. 28,2
	Table IV. Mouvement pour les jours. . .		0,2
	Table III. Inégalité de la précession. . . .		0,3
	Longitude du nœud	θ =	$1^s 16^\circ 34' 28'',7$
	Longitude vraie dans l'orbite. . .	v =	2. 27. 6. 7,9
	Argument de la latitude. . .	$v - \theta$ =	$1^s 10^\circ 31' 39'',2$

Réduction à l'écliptique. Longitude vraie réduite à l'écliptique.

131. L'inclinaison étant, en 1800, de $7^\circ 0' 4'',60$, et variant chaque année de $0'',0711$, l'expression de la réduction à l'écliptique est, pour le temps t, égale à

$$-(771'',89 + 0'',0043\,t)\sin 2(v - \theta) + 1'',44 \sin 4(v - \theta).$$

Cette expression est contenue dans la Table VII pour des valeurs de $(v - \theta)$ variant de degré en degré. Cet intervalle est assez resserré, pour que les différences secondes de la réduction à l'écliptique ne dépassent jamais $0'',94$; ce qui permet de les négliger sans que l'erreur qui en résulte puisse s'élever au delà de 0″,12. On doit d'ailleurs remarquer que dans les environs du nœud, où se produisent les passages de la planète sur le Soleil, l'erreur provenant de l'omission des secondes différences est tout à fait nulle. Voici un extrait de la Table VII, où l'on peut voir qu'au lieu des différences des nombres, on a mis les logarithmes de ces différences divisées par 3600; ce sont les logarithmes des variations de la réduction à l'écliptique pour une variation d'une seconde dans l'argument de la latitude.

ARGUMENT $v - \theta$	RÉDUCTION à l'écliptique.	LOGARITHME de la différence pour 1″.	VARIATION séculaire.
. . . .	. . . .	. . . .	. . . .
1ˢ 8°	— 12′ 28″ 3		— 0″ 42
		7,2327	
9	— 12.34,4		— 0,42
		7,1629	
10	— 12.39,7		— 0,43
		7,0784	
11	— 12.44,0		— 0,43
		6,9730	
12	— 12.47,4		— 0,43
. . . .	. . . .	. . . .	. . . .

Au moyen de cette Table, de l'argument $v - \theta = 1^s\,10^\circ 31' 39'',2$ calculé plus haut, et du facteur 0,52 représentant la fraction de siècle écoulée depuis le 1er janvier 1800, je forme la réduction à l'écliptique qui, ajoutée à la longitude dans l'orbite, donnera ensuite la longitude vraie réduite à l'écliptique. Voici le détail du calcul:

Réduction pour 1ˢ 10°		— 12′.39″,7
Log. de la différence pour 1″	7,0784	
Log. de 31′39″,2	3,2786	
Log. de la partie proportionnelle.	0,3570	
Partie proportionnelle		— 2,[illegible]
Variation séculaire.		— 0,2
Réduction à l'écliptique		— 12′ 42″,2
Longitude vraie dans l'orbite.		87° 6. 7,9
Longitude vraie réduite à l'écliptique		86° 53′ 25″,7

Latitude.

132. On a pour la calculer la formule suivante:

$$\sin \lambda = \sin \varphi \sin (v - \theta) = (9,0859733) \sin (v - \theta).$$

et, en y faisant varier φ de $7'',11$, on trouve pour l'expression de la variation séculaire $\delta\lambda$:

$$\delta\lambda = \frac{7'',11}{\tang\varphi}\tang\lambda = 57'',90 \tang\lambda.$$

La Table VIII, construite sur ces formules, donne la latitude pour des valeurs de $v - \theta$ variant de degré en degré. En voici un extrait :

ARGUMENT $v-\theta$	LATITUDE.	LOGARITHME de la différence pour 1″.	VARIATION séculaire.
....	....	....	....
1s 8°	4° 18′ 13″5	8,9808	4″36
9	4.23.57,9	8,9747	4,45
10	4.29.37,5	8,9684	4,55
11	4.35.12,2	8,9618	4,65
12	4.40.41,9	....	4,74
....	....		....

Vers les grandes latitudes, les différences secondes s'élèvent jusqu'à $7'',7$; en sorte qu'en les omettant il en peut résulter une erreur de près d'une seconde sur la latitude calculée. Au moment des passages de la planète sur le Soleil, l'omission des secondes différences n'a aucune influence, et la Table que je donnerai plus loin, pour les latitudes, n'est nulle part sujette à cet inconvénient : c'est pourquoi je ne changerai rien à la Table précédente, dont je ne crois pas qu'on fasse un usage habituel. Quoi qu'il en soit, je trouve, au moyen de cette Table, dans l'exemple choisi :

Latitude pour 1s 10°..........................			4°.29′.37″,5
Log. de la différence pour 1″....	8,9684		
Log. de 31′ 39″,2.	3,2786		
Log. de la partie proportionnelle..	2,2470		
Partie proportionnelle..........................		+	2.56,6
Secondes différences..........................		+	0,6
Variation séculaire..........................		+	2,4
Latitude héliocentrique..........................			4° 32′ 37″,1

Rayon vecteur. Logarithme du rayon vecteur projeté sur l'écliptique.

133. Les rayons vecteurs, correspondants aux éléments de l'an 1800, ont été calculés au moyen de la valeur du demi-grand axe donnée au nº **103**, et par l'emploi de la formule qui lie l'anomalie vraie au rayon. On sait qu'on ne doit pas commettre dans le calcul du rayon une erreur supérieure à quatre unités du septième ordre décimal, si l'on ne veut pas négliger plus de 0",1 dans la longitude géocentrique. On a donc calculé le rayon vecteur de Mercure jusqu'à la septième décimale.

Quant à la variation séculaire, on trouve, en différentiant la seconde formule nº **6** par rapport à e, qu'elle a pour expression :

$$\begin{aligned}\delta r = 2'',17\, a \sin 1''.4\frac{e}{2} &- 2'',17\, a \sin 1''\left\{2 - 9\left(\frac{e}{2}\right)^2 + \frac{25}{6}\left(\frac{e}{2}\right)^4\right\}\cos\zeta \\ &- 2'',17\, a \sin 1''\left\{4\left(\frac{e}{2}\right) - \left(\frac{64}{3}\right)\left(\frac{e}{2}\right)^3\right\}\cos 2\zeta \\ &- 2'',17\, a \sin 1''\left\{9\left(\frac{e}{2}\right)^2 - \frac{225}{4}\left(\frac{e}{2}\right)^4\right\}\cos 3\zeta \\ &- 2'',17\, a \sin 1''\left\{\frac{64}{3}\left(\frac{e}{2}\right)^3\right\}\cos 4\zeta \\ &- 2'',17\, a \sin 1''\,\frac{625}{223}\left(\frac{e}{2}\right)^4\cos 5\zeta\,;\end{aligned}$$

ou bien, en la reduisant en nombres :

$$\begin{aligned}\delta r = 0{,}000.0017 &- 0{,}000.0078 \cos\zeta, \\ &- 0{,}000.0016 \cos 2\zeta, \\ &- 0{,}000.0002 \cos 3\zeta.\end{aligned}$$

La Table **IX** donne l'expression du rayon vecteur pour les différentes valeurs de l'anomalie moyenne prises de 10 en 10 minutes, ainsi que la variation séculaire correspondante. On appliquera à la construction de cette Table tout ce qui a été dit de la construction de l'équation du centre; en sorte que je ne m'y arrêterai pas. Il faut seulement remarquer que l'unité des parties proportionnelles et celle de la variation séculaire sont l'une et l'autre égales à la septième décimale du rayon. Voici d'ailleurs un extrait de cette Table, dans les mêmes limites où j'ai donné un extrait de la Table de l'équation du centre.

Table des rayons vecteurs, pour l'an 1800, avec la variation séculaire.

ANOMALIE moyenne.	RAYON vecteur.	LOGARITHME de la différence pour 1″.	VARIATION séculaire.
....	....		....
		....	
0^s 7° 0′	0,308.4485	9,8749	− 78
10	0,308.4935	9,8848	− 78
20	0,308.5395	9,8945	− 78
30	0,308.5865	9,9040	− 77
40	0,308.6346	9,9133	− 77
50	0,308.6837	9,9224	− 77
0 8 0	0,308.7339	9,9313	− 77
10	0,308.7851	9,9400	− 77
20	0,308.8373	9,9485	− 77
30	0,308.8906	9,9568	− 77
40	0,308.9449	9,9649	− 77
50	0,309.0002		− 77
		....	
....	....		....

134. Au moyen de cette Table, de l'anomalie moyenne $0^s 7° 43' 39'',2$ déjà calculée, et du facteur 0,52 servant à calculer la variation séculaire, on obtiendra le rayon. Si l'on prend son logarithme, et qu'on lui ajoute celui du cosinus de la latitude, on aura le logarithme du rayon projeté sur l'écliptique. Voici le détail du calcul :

Rayon pour $0^s 7° 40'$		0,308.6346
Log. de la variation pour 1″......	9,9133	
Log. de 3′39″,2................	2,3408	
Log. de la partie proproportionnelle.	2,2541	
Partie proportionnelle..........................		+ 179
Variation séculaire...........................		− 40
Rayon vecteur..............................		0,308.6485
Logarithme du rayon........................		9,489.4642
Logarithme du cosinus de la latitude.............		9,998.6330
Logarithme du rayon projeté sur l'écliptique.........		9,488.0972

§ II.

Tables du mouvement elliptique, suivant la nouvelle forme.

Longitude réduite à l'écliptique.

135. Appelons toujours n le moyen mouvement annuel de Mercure, rapporté aux étoiles; et désignons par ε sa longitude moyenne au minuit moyen du 1er janvier 1844, époque que j'adopterai dans ces Tables pour origine du temps. La précession annuelle étant désignée par p, la longitude moyenne, comptée de l'équinoxe moyen, sera pour le temps t égale à

$$nt + \varepsilon + pt;$$

je fais ici abstraction de l'inégalité de la précession, qu'il sera toujours facile de rétablir.

Soient ensuite ϖ la longitude du périhélie au 1er janvier 1844, ϖ' sa variation annuelle due à l'action perturbatrice des planètes. On aura à l'époque t.

$$\text{Longitude du périhélie} = \varpi + (p + \varpi')t,$$
$$\text{Anomalie moyenne} \quad \zeta = nt + \varepsilon - \varpi - \varpi' t.$$

Appelons e la valeur de l'excentricité au 1er janvier 1844, e' sa variation annuelle exprimée en secondes de degré. L'équation du centre est uniquement fonction de l'excentricité et de l'anomalie moyenne; et, en la désignant par E, on a

$$\mathrm{E} = \mathrm{f}\left\{ e + e't,\ nt + \varepsilon - \varpi - \varpi t \right\}.$$

Les coefficients de cette équation varient avec le temps, en raison de la variation de l'excentricité; et si on les développe par rapport aux puissances de $e't$, on peut écrire, en se bornant à la première puissance,

$$\mathrm{E} = f_0 + \frac{df_0}{de} e't,$$

f_0 étant donné par l'équation

$$f_0 = \mathrm{f}(e, nt + \varepsilon - \varpi - \varpi' t).$$

Par là, l'expression de la longitude héliocentrique v, comptée dans l'orbite à partir de l'équinoxe moyen, deviendra :

$$v = nt + \varepsilon + pt + f_0 + \frac{df_0}{de}e't.$$

156. Désignons encore par θ la longitude du nœud au 1er janvier 1844 ; par θ' sa variation annuelle. On aura pour le temps t :

$$\text{Longitude du nœud} = \theta + \theta' t + pt,$$

et il en résultera pour la distance de la planète au nœud :

$$nt + \varepsilon + f_0 - \theta + \frac{df_0}{de}e't - \theta' t.$$

L'expression de la réduction à l'écliptique sera donc la suivante, en désignant par φ l'inclinaison au 1er janvier 1844, et par φ' sa variation annuelle :

$$- \tang^2 \frac{\varphi + \varphi' t}{2} \sin 2\left(nt + \varepsilon + f_0 - \theta + \frac{df_0}{de}e't - \theta' t\right)$$
$$+ \tfrac{1}{2} \tang^4 \frac{\varphi + \varphi' t}{2} \sin 4\left(nt + \varepsilon + f_0 - \theta + \frac{df_0}{de}e't - \theta' t\right).$$

Il est manifeste qu'on peut développer cette expression par rapport aux puissances des variations séculaires; mais il y a une précaution à prendre pour n'avoir des termes dépendants que d'un seul argument. Dans le développement de l'équation du centre, je n'ai considéré que la variation de l'excentricité, laissant sous les lignes trigonométriques le véritable mouvement annuel $n - \varpi'$, de l'anomalie moyenne. Il est essentiel de conserver ici la même variation annuelle, pour l'angle dont dépend la réduction à l'écliptique ; c'est ce que nous obtiendrons en écrivant cet angle sous la forme suivante :

$$(n - \varpi')t + \varepsilon + f_0 - \theta + \frac{df_0}{de}e't + (\varpi' - \theta')t,$$

et en ne développant l'expression de la réduction à l'écliptique que par rapport à l'accroissement renfermé dans les deux derniers termes.

Nous trouverons ainsi, en désignant par ρ la réduction à l'écliptique,

$$\rho = \rho_0 + \pi t,$$

où nous avons posé

$$\rho_0 = - \tang^2 \frac{\varphi}{2} \sin 2\left\{(n - \varpi')t + \varepsilon + f_0 - \theta\right\},$$
$$+ \tfrac{1}{2} \tang^4 \frac{\varphi}{2} \sin 4\left\{(n - \varpi')t + \varepsilon + f_0 - \theta\right\}$$

et

$$\sigma = -\frac{\tang \frac{\varphi}{2}}{\cos^2 \frac{\varphi}{2}} \varphi' \sin 2 \left\{ (n - \varpi')t + \varepsilon + f_0 - \theta \right\}$$

$$- 2 \tang^2 \frac{\varphi}{2} \left(\varpi' + \frac{df_0}{de} e' - \theta' \right) \cos 2 \left\{ (n - \varpi')t + \varepsilon + f_0 - \theta \right\}$$

$$+ 2 \tang^2 \frac{\varphi}{2} \left(\varpi' + \frac{df_0}{de} e' - \theta' \right)^2 t \sin 2 \left\{ (n - \varpi')t + \varepsilon + f_0 - \theta \right\}$$

$$+ 2 \tang^4 \frac{\varphi}{2} \left(\varpi' + \frac{df_0}{de} e' - \theta' \right) \cos 4 \left\{ (n - \varpi')t + \varepsilon + f_0 - \theta \right\}.$$

Je n'ai développé que le premier terme, par rapport à la variation de l'inclinaison: il en résulte un terme égal à $- 0'',0043\, t \sin 2 \left\{ (n - \varpi')t + \varepsilon + f_0 - \theta \right\}$ qui est déjà très-petit; en sorte que l'influence de la variation de l'inclinaison est insensible sur le second terme de la réduction à l'écliptique.

Parmi les termes dépendants du carré du temps, celui qui renferme en facteur

$$\left(\varpi' + \frac{df_0}{de'} - \theta' \right)^2 t^2$$

est de beaucoup le plus sensible; et encore ne l'ai-je rapporté que pour montrer qu'on peut le négliger. En effet:

$$e' = \quad 0'',0425,$$
$$\varpi' = \quad 5'',365,$$
$$\theta' = - 7'',713.$$

On en conclut que le maximum du terme dépendant du carré du temps, lequel correspond au maximum $0'',0909$ de la variation annuelle de l'équation du centre, a pour expression

$$0'',000.0063\, t^2,$$

et qu'il est par conséquent tout à fait négligeable. Enfin, le *maximum* du terme en $\tang^4 \frac{\varphi}{2}$ qui entre dans σ est égal à $0'',00037\, t$, et est également insensible. En sorte que l'expression de σ pourra être réduite à ses deux premiers termes.

L'expression complète de la longitude héliocentrique, réduite à l'écliptique, pourra donc s'écrire sous la forme suivante:

$$v_1 = (n - \varpi')t + \varepsilon + f_0 + \sigma_0 + Vt.$$

V étant donné par la formule

$$V = p + \frac{df_0}{de} e' + \varpi' + \tau.$$

137. Pour réduire la longitude v_1 en Table, je remarque que le mouvement moyen anomalistique $(n - \varpi')t$, dont elle dépend principalement, effectue sa révolution complète en une fraction d'année que je désignerai par S et qui a pour valeur

$$S = 87^j\, 23^h\, 15^m\, 51^s,4066.$$

Au bout de cette période, l'angle $(n - \varpi')\, t + \varepsilon$ s'est accru d'une circonférence; et par conséquent, les parties périodiques f_0 et ρ_0 qui ne dépendent que de cet angle sont revenues à leurs valeurs primitives.

Cela étant, supposons que depuis le 1er janvier 1844 jusqu'à l'époque t, Mercure ait effectué m révolutions anomalistiques, et qu'il se soit de plus écoulé une fraction d'année que je désignerai par T, T étant toujours plus petit que S. Nous pourrons poser

$$t = Sm + T,$$

et porter cette expression du temps dans la valeur de v_1. On conçoit, et nous reviendrons plus loin sur cet objet, qu'il sera toujours facile d'estimer à une époque quelconque le nombre entier de révolutions, et la fraction de révolutions anomalistiques effectuées par Mercure depuis le 1er janvier 1844; en sorte que je puis considérer m et T comme connus au moyen de la Table des arguments.

En substituant la valeur précédente de t dans l'expression de v_1, nous n'aurons besoin d'avoir égard à la partie Sm que dans le calcul du dernier terme de v_1. Cela résulte de ce que $(n - \varpi')\, Sm$ est un nombre entier de circonférences dont on ne doit tenir compte ni dans la position de la planète, ni dans le calcul des termes périodiques. Nous aurons ainsi

$$v_1 = (n - \varpi' + V)\, T + \varepsilon + f_0 + \rho_0 + VS.m,$$

expression dans laquelle f_0 et ρ_0 sont uniquement fonctions de T. C'est cette formule qu'on peut réduire en une Table unique qui donne immédiatement v_1 au moyen d'une simple partie proportionnelle et d'un terme séculaire.

138. Imaginons, en effet, qu'on ait réduit la partie

$$(n - \varpi' + V)T + \varepsilon + f_0 + \rho_0$$

de v_1 en Table, pour des valeurs de T croissantes depuis zéro jusqu'à S, et assez resserrées pour qu'on en puisse déduire la valeur de cette fonction pour toute valeur de T, au moyen d'une simple partie proportionnelle. Supposons, de plus, qu'on ait joint à cette Table, et sous le titre de *variation séculaire*, les valeurs de SV pour chaque valeur de T. Il est manifeste que, dès qu'on connaîtra T et m à une certaine époque, on déduira e_1 de la Table précédente avec la même facilité qu'on calcule, au moyen de la Table de l'équation du centre, cette équation et sa variation séculaire.

On aperçoit aisément qu'on arriverait au même but de plusieurs manières. Mais la disposition que je viens d'adopter est la seule qui présente, dans le calcul des éphémérides, l'immense avantage de n'employer, pendant toute une révolution de la planète, qu'un seul facteur constant au calcul de la partie proportionnelle, et un seul facteur constant au calcul de la variation séculaire. C'est ce que j'expliquerai plus loin, en donnant effectivement la réduction de la valeur de e_1 en Table. Voyons auparavant comment nous pourrons étendre la même disposition au calcul de la latitude et au calcul du logarithme du rayon vecteur réduit à l'écliptique.

Latitude.

139. La latitude λ est donnée par la formule

$$\sin\lambda = \sin(\varphi + \varphi' t)\sin\left\{(n - \varpi')t + \varepsilon + f_0 - \theta + \left(\varpi' + \frac{df_0}{de}e' - \theta'\right)t\right\}.$$

Posons

$$\sin\lambda_0 = \sin\varphi \sin[(n - \varpi')t + \varepsilon + f_0 - \theta];$$

la fonction auxiliaire λ_0 est encore une fonction périodique, dont la période est égale à la durée de la *révolution anomalistique*. Si d'ailleurs nous remarquons que λ diffère peu de λ_0, nous pourrons écrire

$$\lambda = \lambda_0 + \Lambda t,$$

Λ étant donné par l'expression suivante :

$$\begin{aligned}\Lambda = {} & \frac{\cos\varphi}{\cos\lambda_0}\varphi' \sin[(n - \varpi')t + \varepsilon + f_0 - \theta] \\ & + \frac{\sin\varphi}{\cos\lambda_0}\left(\varpi' - \theta' + \frac{df_0}{de}e'\right)\cos[(n - \varpi')t + \varepsilon + f_0 - \theta] \\ & - \frac{\sin\varphi}{\cos\lambda_0}\left(\varpi' - \theta' + \frac{df_0}{de}e'\right)^2 \frac{t}{2}\sin[(n - \varpi')t + \varepsilon + f_0 - \theta].\end{aligned}$$

Je n'ai conservé, parmi les termes dépendants du carré du temps, que le terme dont la valeur est beaucoup supérieure à celle des autres. On trouve, pour l'expression du maximum de ce terme,

$$0'',000051\,t^2,$$

et l'on voit qu'on peut le négliger, d'autant plus qu'aux instants des passages de la planète sur le Soleil, où l'on a besoin de plus d'exactitude, il disparaît, à cause de la petitesse du sinus qui le multiplie.

Remplaçons actuellement, dans l'expression de λ, le temps t par sa valeur $Sm + T$. Nous pourrons négliger Sm dans le calcul de λ_0, et, en écrivant

$$\lambda = \lambda_0 + AT + AS.m,$$

nous voyons que λ se composera de deux parties : l'une, $\lambda_0 + AT$, qui est uniquement fonction de T, et l'autre, $AS.m$, qui est proportionnelle au nombre des révolutions complètes effectuées par Mercure, depuis le 1er janvier 1844. L'expression de λ est donc de même forme que celle de ν_1 ; et ainsi la latitude pourra être donnée par une Table toute semblable à celle qui donne la longitude réduite à l'écliptique.

Logarithme du rayon vecteur réduit à l'écliptique.

140. Le rayon vecteur r est fonction du grand axe qui est invariable, de l'excentricité qui est affectée d'une inégalité séculaire, et de l'anomalie moyenne dont le mouvement est notre principal argument. Si donc nous désignons par r_0 le rayon calculé avec l'excentricité correspondante à l'époque du 1er janvier 1844, et pour la valeur de T, nous trouverons à l'époque t :

$$r = r_0 + \frac{dr_0}{de}e't.$$

La latitude étant déjà représentée par $\lambda_0 + At$, nous aurons donc, pour calculer le rayon r_1, réduit à l'écliptique, la formule

$$r_1 = \left(r_0 + \frac{dr_0}{de}e't\right)\cos(\lambda_0 + At),$$

d'où, en prenant les logarithmes,

$$\log r_1 = \log\left(r_0 + \frac{dr_0}{de}e't\right) + \log\cos(\lambda_0 + At);$$

si l'on développe les logarithmes dans le second membre, en négligeant les termes carrés, qui sont tout à fait insensibles, on trouve

$$\log r_1 = \log r_0 + \log\cos\lambda_0 + Bt,$$

R étant égal à

$$R = \frac{M}{r_0}\frac{dr_0}{de}e' - M \operatorname{tang}\lambda_1 \Delta t,$$

où M désigne le module par lequel on passe des logarithmes de Néper aux logarithmes ordinaires.

Remettant, comme précédemment, pour t sa valeur $Sm + T$, on pourra négliger Sm dans le calcul de la première partie,

$$\log r_0 + \log\cos\lambda_0,$$

de $\log r_1$; et en écrivant

$$\log r_1 = \log r_0 + \log\cos\lambda_0 + RT + RS.m,$$

on voit que $\log r_1$ se composera, comme e_1 et comme λ, de deux parties: l'une,

$$\log r_0 + \log\cos\lambda_0 + RT,$$

qui ne dépend que de T; l'autre, $RS.m$, qui est proportionnelle au nombre des révolutions complètes, effectuées par Mercure depuis le 1er janvier 1844.

Calcul numérique des formules précédentes.

141. Chacune des fonctions précédentes e_1, λ et $\log r_1$ ne dépend, à l'époque t, que de l'angle décrit par l'anomalie moyenne de la planète depuis le 1er janvier 1844, angle que nous avons partagé en deux parties : le nombre entier m des révolutions complètes parcourues par l'anomalie moyenne, et la fraction de révolution en sus effectuée. Nous avons même déjà substitué à ces angles les temps pendant lesquels ils sont décrits, en sorte que nous ne dépendons plus que du nombre m des périodes complétement effectuées par l'anomalie moyenne de la planète, et d'une fraction T de ce temps périodique. En d'autres termes, nous n'avons plus à considérer que le temps écoulé depuis le 1er janvier 1844 jusqu'à l'époque t : seulement l'unité de ce temps n'est plus l'*année terrestre*, mais bien l'*année anomalistique de Mercure* lui-même. C'est principalement à cet artifice que nous devrons la forme très-simple des nouvelles Tables. On verra facilement, par ce qui va suivre, que cette forme s'appliquerait, sans nulle difficulté, aux Tables de toutes les planètes, et même qu'elle présenterait d'autant plus d'avantages que la durée de la révolution serait plus longue.

Compter le nombre entier d'années anomalistiques de Mercure et la fraction d'année, écoulés depuis le 1er janvier 1844, et inscrire les résultats de cette énumération dans une *première* Table qui fournira ainsi l'unique argument dont on ait besoin, est une opération si simple, qu'il est presque inutile d'entrer dans aucun détail à cet égard. Je remarquerai, toutefois, que nous sommes dans l'usage de compter le temps en jours, heures, minutes et secondes, et que, dès lors, pour faciliter la comparaison de la fraction T avec notre supputation habituelle du temps, il sera commode de compter également T en jours, heures, minutes et secondes. Pour y arriver, rappelons-nous d'abord que nous avons trouvé plus haut :

Une année anomalistique de Mercure.....	$S = 87^j\ 23^h\ 15^m 51^s{,}4066$
d'où l'on déduit....................	$2S = 175.22.31.42{,}8132$
	$3S = 263.21.47.34{,}2198$
	$4S = 351.21.\ 3.25{,}6264$
	$5S = 439.20.19.17{,}0330$

Au premier janvier 1844, à minuit moyen, *m* et T sont nuls. A partir de cette époque, T augmente du nombre de jours, heures, minutes et secondes écoulés; et *m* reste nul tant que ce laps de temps n'a pas atteint la valeur de S. Mais lorsque T vient à surpasser S, à se trouver compris entre S et 2S, on doit le diminuer de S, et *m* se trouve dès lors égal à l'unité. En général, pour avoir *m* et T, comptez le nombre de jours, heures, minutes et secondes écoulés depuis le 1er janvier 1844, et divisez par la valeur de S : le quotient entier sera *m*, et le reste sera T. Ceci nous donne le moyen de former notre argument pour le minuit moyen du 1er janvier de chacune des années du XIXe siècle.

142. Si nous exprimons notre année commune et notre année bissextile, ainsi que quelques-unes des périodes les plus remarquables de notre calendrier, en années anomalistiques de Mercure, nous trouvons :

Une année commune de 365^j........	=	$4S + 13^j\ 2^h 56^m 34^s{,}3736$
Une année bissextile de 366^j........	=	$4S + 14.\ 2.56.34{,}3736$
Quatre années, dont une bissextile....	=	$16S + 53.11.46.17{,}4944$
Un siècle de 36525^j................	=	$415S + 17.17.19.26{,}2610$

Pour obtenir les arguments des années postérieures au 1er janvier 1844, on les déduira les uns des autres, en ajoutant $4S + 13^j 2^h 56^m 34^s{,}3736$ pour une année commune, et ce même nombre, augmenté d'un jour, pour une année bissextile. Chaque fois que le nombre T des jours viendra à surpasser S, on en retranchera $87^j 23^h 15^m 51^s,4066$, et l'on augmentera d'une unité le nombre m des révolutions complètes.

Si l'on suivait cette même marche pour les années antérieures à 1844, on tomberait sur des valeurs négatives de m et de T, ce qu'il est indispensable d'éviter à l'égard de T. Il suffira pour cela d'ajouter aux valeurs négatives de T, ainsi obtenues, $87^j 23^h 15^m 51^s,4066$, et d'augmenter d'une unité la valeur absolue du nombre des révolutions antérieures. Mais il sera plus commode d'effectuer cette réduction sur les nombres mêmes, qui servent à passer de l'argument d'une année à celui de l'année précédente, en posant :

Une année commune de 365^j...... $= - 5S + 74^j\, 20^h\, 19^m\, 17^s,0330$

Une année bissextile de 366^j..... $= - 5S + 73.20.19.17,0330$

Quatre années, dont une bissextile.. $= - 17S + 34.11.29.33,9122$

Un siècle de 36525^j............ $= - 416S + 70.\ 5.56.25,1456$

Lorsqu'en passant ainsi d'une année à l'année précédente, le nombre de jours viendra à excéder $87^j 23^h 15^m 51^s,4066$, on le diminuera de cette quantité, et, en même-temps, on *diminuera* d'une unité le nombre des révolutions complètes.

C'est ainsi qu'on été obtenus les nombres m et T pour chacune des années du dix-neuvième siècle. Voici un extrait de la Table I qui renferme ces arguments :

ANNÉES.	T	m
	j h m s	
1801	41.12.18.21,8	— 179
......	......	......
1844	0. 0. 0. 0,0	0
1845	14. 2.56.34,4	+ 4
1846	27. 5.53. 8,7	+ 8
1847	40. 8.49.43,1	+ 12
1848	53.11.46.17,5	+ 16
1849	67.14.42.51,9	+ 20
1850	80.17.39.26,2	+ 24
1851	5.21.20. 9,2	+ 29
1852	19. 0.16.43,6	+ 33
......	......	......
1900	45. 2.41.13,7	+ 232

143. Pour trouver, au moyen de cette Table, m et T en un instant quelconque de l'une des années du dix-neuvième siècle, il suffira d'ajouter aux nombres donnés pour le 1er janvier, à minuit moyen, le temps écoulé depuis cette époque. Il pourra se faire que T vienne ainsi à surpasser la durée de la révolution anomalistique; mais on le ramènera au-dessous de cette limite en retranchant l'un des cinq premiers multiples de S, dont les valeurs ont été données n° **141.** Le nombre des révolutions complètes, ainsi retranchées de T, devra être manifestement ajouté algébriquement à m, c'est-à-dire qu'il faudra l'ajouter à la valeur absolue de m, ou l'en retrancher, suivant que cette valeur sera positive ou négative.

144. Au lieu de me borner à déterminer, pour servir d'exemple, la position de Mercure pour un instant unique, je vais calculer l'éphéméride de cette planète pour le mois de janvier de l'année 1852. Cela me fournira l'occasion de développer quelques remarques qui montreront combien le calcul des éphémérides devient simple et rapide, avec la nouvelle disposition que je propose pour les Tables du mouvement héliocentrique : on trouvera, nos **154**, **155** et **156**, le calcul complet de la longitude réduite à l'écliptique, de la latitude et du logarithme du rayon vecteur réduit à l'écliptique; c'est à l'ensemble de ces calculs qu'on doit rapporter les explications suivantes.

Je trouve, par la Table des arguments, qu'au 1er janvier 1852, à minuit moyen, $T = 19^j 0^h 16^m 43^s,6$. En ajoutant 12 heures, j'obtiens, pour midi moyen,

$$T = 19^j 12^h 16^m 43^s,6, \qquad m = 33.$$

Or, T et m se déduisent de leurs valeurs initiales, pendant tout le reste de l'année, au moyen d'un calcul insignifiant, par une simple soustraction effectuée tous les 88 jours. En sorte que le calcul des arguments m et T demande au plus cinq soustractions par an.

En effet, d'un midi au midi suivant, T augmente d'un jour; les heures, les minutes et les secondes restent les mêmes. J'écris donc en tête des pages où l'on trouvera tout le calcul de la longitude réduite à l'écliptique, de la latitude et du logarithme du rayon vecteur réduit à l'écliptique, la fraction de jour $12^h 16^m 43^s,6$, et dans la seconde colonne de chaque page, j'écris le nombre des jours, qui est 19 pour le 1er janvier, et qui augmente d'une unité d'un jour au suivant. Or, tant que T n'atteindra pas la durée de la révolution anomalistique, il est manifeste que m ne changera pas, non plus que la fraction de jour qui entre dans l'expression de T; mais quand T viendra à dépasser $87^j 23^h 15^m 51^s,4$, on devra le diminuer de cette période; par là, la fraction du jour contenue dans T changera, et m augmentera d'une unité.

Cette circonstance devant se produire au plus cinq fois par an, nous avons été fondé à dire que le calcul des arguments m et T demanderait au plus cinq soustractions pendant une année entière. Car l'écriture des nombres entiers consécutifs, contenus dans T, ne peut pas compter pour une opération; cette écriture n'est même qu'une simple mesure d'ordre, d'après la disposition que je donnerai à la Table générale.

145. On verra plus loin que cette Table présente les valeurs de e_1, λ et $\log r_1$ d'heure en heure; en sorte qu'on n'aura jamais à calculer la partie proportionnelle que pour les minutes et les secondes. Mais nous venons de dire que cette fraction de l'heure reste la même pendant toute la durée d'une révolution anomalistique, c'est-à-dire pendant 88 jours. Le facteur qui servira au calcul de la partie proportionnelle, et qui est le même pour la longitude, la latitude et le logarithme du rayon vecteur, restera donc le même pendant 88 jours consécutifs; il variera cinq fois au plus par an. C'est un résultat dont les avantages seront appréciés par tous ceux qui ont eu à construire des éphémérides. Le facteur qui sert à calculer la partie proportionnelle pour l'équation du centre, et pour le rayon vecteur, change tous les jours dans la disposition ancienne des Tables; il en est de même du facteur qui sert à calculer la partie proportionnelle pour la latitude et pour la réduction à l'écliptique, facteur qui d'ailleurs est différent du précédent. En sorte qu'on a alors 730 facteurs, différents les uns des autres, à considérer dans l'intervalle d'une année commune; et 730 logarithmes à prendre, si l'on opère par logarithmes, ce qui est assurément la marche la plus rapide. A ces 730 logarithmes j'en substitue 5 ou 6 au plus.

Le calcul de la variation séculaire s'effectue au moyen d'un facteur m qui reste aussi constant pendant 88 jours; qui varie au plus cinq fois dans une année. En sorte que pour calculer les parties proportionnelles et les variations séculaires, je ne fais usage, pendant 88 jours, que de deux facteurs.

146. Disons actuellement, pour en finir avec l'argument $m.S + T$, comment, au moyen des valeurs de m et T pour les années du dix-neuvième siècle, on pourra calculer leurs valeurs dans les siècles antérieurs et postérieurs.

Nous avons vu, n° **142**, qu'en un siècle de 36525 jours, m augmente de 415; que T augmente de

$$17^{\mathrm{j}}17^{\mathrm{h}}19^{\mathrm{m}}26^{\mathrm{s}},261.$$

On en déduira les mouvements de m et de T, pour les siècles postérieurs au dix-neuvième, en ayant égard à la longueur de ces siècles, et en ayant soin, lorsque T viendra à surpasser $87^{j}23^{h}15^{m}51^{s},4$, de le diminuer de cette période, et d'augmenter en même temps *m* d'une unité.

Quant aux mouvements pour les siècles antérieurs au dix-neuvième, on les formera en se rappelant qu'en un siècle de 36525 jours, comptés dans le sens rétrograde, la valeur négative de *m* augmente de — 416; tandis que la valeur positive de T augmente de

$$70^{j}5^{h}56^{m}25^{s},1.$$

Lorsqu'en passant de siècle en siècle, T viendra à excéder $87^{j}23^{h}15^{m}51^{s},4$, on le diminuera de cette période, et l'on *diminuera* en même temps la valeur absolue de *m* d'une unité.

De plus, quand on comptera dans le style julien, le jour de l'année se trouvant trop faible de 10 unités dans le seizième siècle, on y aura égard en augmentant de 10 jours la valeur de T qui correspond au mouvement de l'argument en 300 années grégoriennes. Tous les siècles antérieurs seront de 36525 jours.

147. Occupons-nous maintenant de calculer la longitude réduite à l'écliptique, la latitude et le logarithme du rayon vecteur projeté sur l'écliptique, pour la première période de la révolution anomalistique, cette période étant supposée commencer au 1er janvier de l'année 1844. J'ai dit que je donnerais la valeur de ces trois coordonnées d'heure en heure; et, pour cela, je les calculerai directement de jour en jour à midi moyen; j'en conclurai les valeurs intermédiaires par interpolation. On trouvera, dans le tableau suivant, les valeurs de v_1, λ et $\log r_1$, ainsi que celles de V, Λ et R; la valeur $0^{j}12^{h}$ de T correspond au midi moyen du 1er janvier 1844.

T.	ν_1.	V.	λ.	Λ.	Log r_1.	R.
j h	° ′ ″		° ′ ″			
0.12	333.14.18,3	55,586	— 6.42.27,1	0,389	9,584.9002	1,15
1.12	337.19.34,9	55,577	— 6.32.52,4	0,497	9,578.5747	1,33
2.12	341.32.11,3	55,566	— 6.20.55,8	0,606	9,572.1157	1,48
3.12	345.52.29,2	55,554	— 6. 6.28,8	0,715	9,565.5509	1,59
4.12	350.20.49,5	55,540	— 5.49.23,2	0,823	9,558.9120	1,66
5.12	354.57.31,3	55,525	— 5.29.31,7	0,929	9,552.2356	1,69
6.12	359.42.51,7	55,509	— 5. 6.48,3	1,033	9,545.5637	1,67
7.12	4.37. 4,4	55,494	— 4.41. 8,8	1,132	9,538.9440	1,59
8.12	9.40.19,5	55,480	— 4.12.31,3	1,225	9,532.4300	1,45
9.12	14.52.41,9	55,466	— 3.40.57,2	1,312	9,526.0866	1,24
10.12	20.14.10,7	55,454	— 3. 6.31,6	1,390	9,519.9600	0,96
11.12	25.44.37,9	55,445	— 2.29.24,4	1,457	9,514.1376	0,61
12.12	31.23.47,0	55,439	— 1.49.50,6	1,513	9,508.6873	+ 0,21
13.12	37.11.12,1	55,437	— 1. 8.10,8	1,555	9,503.6854	— 0,23
14.12	43. 6.17,9	55,440	— 0.24.51,6	1,581	9,499.2090	— 0,71
15.12	49. 8.17,9	55,448	+ 0.19.34,7	1,591	9,495.3336	1,19
16.12	55.16.15,2	55,461	1. 4.31,0	1,582	9,492.1314	— 1,67
17.12	61.29. 3,0	55,479	1.49.16,2	1,556	9,489.6675	— 2,12
18.12	67.45.25,0	55,502	2.33. 6,7	1,510	9,487.9967	2,52
19.12	74. 3.57,8	55,529	3.15.18,7	1,446	9,487.1612	2,84
20.12	80.23.13,3	55,559	3.55.10,1	1,364	9,487.1874	3,07
21.12	86.41.40,5	55,591	4.32. 2,5	1,265	9,488.0840	3,19
22.12	92.57.49,2	55,622	5. 5.23,0	1,152	9,489.8420	3,21
23.12	99.10.12,7	55,653	5.34.45,9	1,026	9,492.4334	3,13
24.12	105.17.30,7	55,681	5.59.53,0	0,889	9,495.8137	2,94
25.12	111.18.31,5	55,707	6.20.34,3	0,746	9,499.9237	2,65
26.12	117.12.13,4	55,729	6.36.47,3	0,596	9,504.6924	2,28
27.12	122.57.46,1	55,747	6.48.36,0	0,444	9,510.0404	— 1,87
28.12	128.34.30,8	55,760	6.56.10,5	0,291	9,515.8831	— 1,40
29.12	134. 2. 0,2	55,768	6.59.45,0	+ 0,140	9,522.1337	— 0,94
30.12	139.19.57,3	55,772	6.59.36,8	— 0,009	9,528.7068	— 0,47
31.12	144.28.14,7	55,772	6.56. 5,4	— 0,153	9,535.5209	— 0,01
32.12	149.26.53,4	55,769	6.49.31,1	— 0,291	9,542.4996	+ 0,43
33.12	154.16. 1,3	55,762	6.40.14,1	— 0,423	9,549.5720	0,83
34.12	158.55.51,8	55,753	6.28.34,2	— 0,547	9,556.6745	1,18
35.12	163.26.42,6	55,742	6.14.50,4	— 0,665	9,563.7511	1,48
36.12	167.48.54,7	55,729	5.59.20,2	— 0,774	9,570.7534	1,73
37.12	172. 2.51,4	55,715	5.42.19,6	— 0,876	9,577.6392	1,94
38.12	176. 8.57,6	55,699	5.24. 3,2	— 0,970	9,584.3724	2,10
39.12	180. 7.38,7	55,683	5. 4.44,1	— 1,056	9,590.9232	2,21
40.12	183.59.20,8	55,668	4.44.33,8	— 1,135	9,597.2671	2,28
41.12	187.44.29,6	55,653	4.23.42,5	— 1,207	9,603.3837	2,30
42.12	191.23.30,4	55,639	4. 2.19,3	— 1,271	9,609.2766	2,29
43.12	194.56.48,0	55,624	3.40.31,9	— 1,329	9,614.8731	2,24
44.12	198.24.46,4	55,611	3.18.27,1	— 1,381	9,620.2232	2,16

T.	v_1.	V.	λ.	Λ.	Log r_1.	R.
j h	° ′ ″	″	° ′ ″			
45.12	201.47.48,8	55,597	2.56.10,8	— 1,426	9,625.2995	2,06
46.12	205. 6.17,2	55,585	2.33.48,1	— 1,466	9,630.0967	1,93
47.12	208.20.33,2	55,575	2.11.23,2	— 1,500	9,634.6106	1,79
48.12	211.30.56,8	55,565	1.49. 0,1	— 1,529	9,638.8390	1,63
49.12	214.37.47,4	55,555	1.26.41,9	— 1,552	9,642.7805	1,45
50.12	217.41.23,7	55,547	1. 4.31,6	— 1,571	9,646.4346	1,27
51.12	220.42. 3,3	55,540	0.42.31,5	— 1,585	9,649.8016	1,08
52.12	223.40. 3,1	55,534	+ 0.20.43,8	— 1,594	9,652.8824	0,88
53.12	226.35.39,4	55,530	— 0. 0.49,8	— 1,599	9,655.6779	0,68
54.12	229.29. 7,7	55,527	— 0.22. 7,5	— 1,600	9,658.1895	0,48
55.12	232.20.43,0	55,524	— 0.43. 8,0	— 1,597	9,660.4190	0,29
56.12	235.10.39,7	55,522	— 1. 3.49,8	— 1,590	9,662.3681	+ 0,11
57.12	237.59.11,8	55,521	— 1.24.11,9	— 1,579	9,664.0387	— 0,08
58.12	240.46.32,7	55,521	— 1.44.13,0	— 1,565	9,665.4323	— 0,26
59.12	243.32.55,9	55,522	— 2. 3.52,1	— 1,547	9,666.5506	— 0,43
60.12	246.18.33,8	55,523	— 2.23. 8,1	— 1,525	9,667.3953	— 0,59
61.12	249. 3.39,6	55,525	— 2.42. 0,0	— 1,500	9,667.9679	— 0,74
62.12	251.48.25,3	55,528	— 3. 0.26,7	— 1,472	9,668.2699	— 0,88
63.12	254.33. 3,4	55,531	— 3.18.27,2	— 1,440	9,668.3025	— 1,00
64.12	257.17.46,2	55,536	— 3.36. 0,3	— 1,405	9,668.0668	— 1,11
65.12	260. 2.45,8	55,541	— 3.53. 4,8	— 1,367	9,667.5638	— 1,21
66.12	262.48.14,5	55,546	— 4. 9.39,4	— 1,325	9,666.7943	— 1,29
67.12	265.34.24,5	55,552	— 4.25.42,7	— 1,281	9,665.7591	— 1,35
68.12	268.21.28,2	55,558	— 4.41.13,1	— 1,233	9,664.4587	— 1,39
69.12	271. 9.38,3	55,563	— 4.56. 8,9	— 1,182	9,662.8937	— 1,42
70.12	273.59. 7,7	55,568	— 5.10.28,3	— 1,127	9,661.0646	— 1,43
71.12	276.50. 9,2	55,573	— 5.24. 9,2	— 1,069	9,658.9718	— 1,41
72.12	279.42.56,5	55,578	— 5.37. 9,5	— 1,009	9,656.6158	— 1,38
73.12	282.37.43,1	55,584	— 5.49.26,4	— 0,944	9,653.9973	— 1,33
74.12	285.34.43,4	55,590	— 6. 0.57,4	— 0,877	9,651.1167	— 1,26
75.12	288.34.12,1	55,595	— 6.11.39,5	— 0,807	9,647.9746	— 1,17
76.12	291.36.24,2	55,600	— 6.21.29,2	— 0,733	9,644.5722	— 1,07
77.12	294.41.35,7	55,604	— 6.30.22,8	— 0,655	9,640.9110	— 0,95
78.12	297.50. 2,8	55,607	— 6.38.16,4	— 0,575	9,636.9929	— 0,80
79.12	301. 2. 2,5	55,610	— 6.45. 5,6	— 0,491	9,632.8202	— 0,64
80.12	304.17.52,6	55,612	— 6.50.45,3	— 0,404	9,628.3960	— 0,47
81.12	307.37.51,4	55,613	— 6.55.10,4	— 0,314	9,623.7243	— 0,28
82.12	311. 2.18,0	55,613	— 6.58.15,1	— 0,221	9,618.8102	— 0,08
83.12	314.31.32,3	55,612	— 6.59.53,2	— 0,125	9,613.6601	+ 0,13
84.12	318. 5.54,7	55,610	— 6.59.57,8	— 0,027	9,608.2816	0,33
85.12	321.45.46,4	55,606	— 6.58.21,9	+ 0,075	9,602.6843	0,54
86.12	325.31.29,2	55,601	— 6.54.57,6	0,179	9,596.8798	0,75
87.12	329.23.25,1	55,595	— 6.49.36,9	0,285	9,590.8821	0,96
88.1	333.21.56,6	55,587	— 6.42.11,4	0,392	9,584.7085	1,16

148. Au moyen des formules d'interpolation, on a pu conclure les valeurs de v_1, λ et $\log r_1$ pour les heures et pour toute la durée de la révolution anomalistique. On a trouvé que les différences secondes des coordonnées, calculées d'heure en heure, étaient assez petites pour qu'on pût les négliger sans erreur de plus de $0'',1$ dans les positions héliocentriques.

Au premier abord, on serait porté à inscrire les valeurs des coordonnées, ainsi calculées d'heure en heure, à la suite les unes des autres, afin d'en déduire les positions intermédiaires par le moyen du mouvement horaire; cette disposition de la Table est la plus naturelle, parce qu'elle permet d'en vérifier aisément tous les nombres, au moyen des premières différences, qui varient alors très-lentement; et c'est effectivement ainsi qu'elle a d'abord été construite et vérifiée : mais il vaut mieux adopter, dans la pratique, une autre disposition, qui facilitera le calcul des éphémérides.

Dans la disposition où les coordonnées, calculées d'heure en heure, se suivraient les unes les autres, on serait obligé de compulser successivement toute la Table, pour calculer une éphemeride pendant 88 jours. Or, on peut éviter cet inconvénient en se fondant sur ce que, pendant 88 jours, les heures, les minutes et les secondes restent constantes, tandis que le jour seul varie. Imaginons, en effet, que nous placions à la suite les unes des autres, dans les deux premières pages de la Table, qui suffiront à cet objet, les valeurs des coordonnées pour l'heure *zéro*, et pour les jours successifs de 0 à 88. Supposons que nous en fassions autant pour la *première*, la *deuxième*, la *troisième* heure, etc., en sorte que la *douzième* heure, par exemple, soit écrite dans l'ordre où nous l'avons calculée, n° **147**. Nous avons trouvé, dans l'exemple précédemment choisi, n° **144**, que l'heure de l'argument

$$T = 19^j\,12^h\,16^m\,43^s,6$$

était 12, et que cette heure restait invariable pendant toute une période de la révolution anomalistique; que le jour seul changeait. Entrons donc dans notre Table avec l'heure 12; les lignes successives de la Table correspondant aux jours successifs, nous voyons que tout le calcul de l'éphéméride sera contenu pendant 88 jours dans 88 lignes successives, auxquelles on fera subir une simple réduction.

149. Je vais rapporter, en partie, la douzième heure de ma Table IV, ainsi calculée. Je placerai l'heure en tête de cette Table, et dans la première colonne, à gauche, j'écrirai la série successive des jours de 0 à 88.

Les trois colonnes suivantes, 2, 3 et 4, renferment la longitude v_1 pour l'heure 12; le logarithme du mouvement de cette longitude en 1 seconde de temps; enfin, sous le titre de *variation séculaire,* le logarithme du facteur VS, qu'il faut multiplier par m pour compléter la longitude v_1 à l'époque considérée.

Les colonnes 5, 6 et 7 servent d'une manière toute semblable au calcul de la latitude; et les colonnes 8, 9 et 10 au calcul du logarithme de la projection du rayon vecteur sur l'écliptique.

Lorsqu'un des nombres, dont je donne le logarithme, est négatif, il faudrait, pour se conformer à l'usage, le faire suivre de la lettre n : j'ai préféré mettre le signe — devant le logarithme. Cela m'a paru plus commode; et il n'en peut résulter aucune ambiguïté, puisqu'on ne fait jamais usage, dans la pratique, de logarithmes négatifs.

TABLE IV. — 12 heures.

JOURS.	LONGITUDE v_1.	LOGARITH. de la variation pour 1^s.	LOGARITH. de la variation séculaire.	LATITUDE λ.	LOGARITHME de la variation pour 1^s.	LOGARITH. de la variation séculaire.	LOG r_1.	LOGARITH. de la variation pour 1^s.	LOGARIT. de la variation séculair.
15	49°. 8′.17″,9	9,40425	1,12563	0°.19′.34″,7	8,4929	9,5833	9,495.3336	−9,6120	−9,457
16	55.16.15,2	9,41063	1,12573	1. 4.31,0	8,4945	9,5810	9,492.1314	−9,5149	−9,604
17	61.29. 3,0	9,41553	1,12587	1.49.16,2	8,4890	9,5736	9,489.6675	−9,3771	−9,708
18	67.45.25,0	9,41883	1,12605	2.33. 6,7	8,4762	9,5607	9,487.9967	−9,1574	−9,783
19	74. 3.57,8	9,42046	1,12626	3.15.18,7	8,4554	9,5418	9,487.1612	−8,6541	−9,835
20	80.23.13,3	9,42038	1,12650	3.55.10,1	8,4260	9,5165	9,487.1874	+8,7444	−9,869
21	86.41.40,5	9,41855	1,12675	4.32. 2,5	8,3872	9,4839	9,488.0840	9,1933	−9,885
22	92.57.49,2	9,415[illegible]0	1,12699	5. 5.23,0	8,3377	9,4432	9,489.8420	9,4055	−9,888
23	99.10.12,7	9,40978	1,12723	5.34.45,9	8,2762	9,3927	9,492.4334	9,5422	−9,877
24	105.17.30,7	9,40299	1,12745	5.59.53,0	8,2001	9,3308	9,495.8137	9,6400	−9,850
25	111.18.31,5	9,39474	1,12765	6.20.34,3	8,1054	9,2542	9,499.9237	9,7134	−9,805
26	117.12.13,4	9,38517	1,12782	6.36.47,3	7,9847	9,1570	9,504.6924	9,7697	−9,740
27	122.57.46,1	9,37445	1,12796	6.48.36,0	7,8226	9,0289	9,510.0404	9,8132	−9,649
28	128.34.30,8	9,36275	1,12806	6.56.10,5	7,5778	8,8456	9,515.8831	9,8466	−9,528
29	134. 2. 0,2	9,35024	1,12813	6.59.45,0	+7,0433	+8,5266	9,522.1337	9,8719	−9,355
30	139.19.57,3	9,33708	1,12816	6.59.36,8	−7,1329	−7,3262	9,528.7068	9,8903	−9,054
31	144.28.14,7	9,32344	1,12816	6.56. 5,4	−7,5549	−8,5653	9,535.5209	9,9031	−7,382
32	149.26.53,4	9,30948	1,12813	6.49.31,1	−7,7469	−8,8455	9,542.4996	9,9110	+9,015
33	154.16. 1,3	9,29533	1,12808	6.40.14,1	−7,8660	−9,0076	9,549.5720	9,9146	9,301
34	158.55.51,8	9,28113	1,12801	6.28.34,2	−7,9485	−9,1198	9,556.6745	9,9146	9,453
35	163.26.42,6	9,26698	1,12792	6.14.50,4	−8,0090	−9,2042	9,563.7511	9,9114	9,552
36	167.48.54,7	9,25297	1,12782	5.59.20,2	−8,0546	−9,2705	9,570.7534	9,9054	9,620
37	172. 2.51,4	9,23921	1,12771	5.42.19,6	−8,0898	−9,3241	9,577.639[illegible]	9,8967	9,670
38	176. 8.57,6	9,22575	1,12759	5.24. 3,2	−8,1170	−9,3683	9,584.3724	9,8858	9,704
39	180. 7.38,7	9,21266	1,12746	5. 4.44,1	−8,1381	−9,4054	9,590.9232	9,8728	9,726
40	183.59.20,8	9,19998	1,12734	4.44.33,8	−8,1545	−9,4366	9,597.2671	9,8579	9,740
41	187.44.29,6	9,18776	1,12723	4.23.42,5	−8,1670	−9,4633	9,603.3837	9,8411	9,743
42	191.23.30,4	9,17601	1,12712	4. 2.19,3	−8,1764	−9,4860	9,609.2566	9,8225	9,742
43	194.56.48,0	9,16479	1,12701	3.40.31,9	−8,1832	−9,5054	9,614.8731	9,8022	9,732
44	198.24.46,4	9,15411	1,12690	3.18.27,1	−8,1879	−9,5219	9,620.2232	9,7802	9,716
45	201.47.48,8	9,14397	1,12679	2.56.10,8	−8,1907	−9,5360	9,625.2995	9,7565	9,696
46	205. 6.17,2	9,13438	1,12670	2.33.48,1	−8,1921	−9,5478	9,630.0967	9,7310	9,667
47	208.20.33,2	9,12537	1,12662	2.11.23,2	−8,1921	−9,5578	9,634.6106	9,7035	9,635
48	211.30.56,8	9,11693	1,12654	1.49. 0,1	−8,1909	−9,5660	9,638.8390	9,6741	9,594
49	214.37.47,4	9,10905	1,12646	1.26.41,9	−8,1888	−9,5726	9,642.7805	9,6423	9,543
50	217.41.23,7	9,10175	1,12640	1. 4.31,6	−8,1858	−9,5778	9,646.4346	9,6081	9,486
51	220.42. 3,3	9,09503	1,12635	0.42.31,5	−8,1821	−9,5816	9,649.8016	9,5710	9,415
52	223.40. 3,1	9,08888	1,12630	+0.20.43,8	−8,1777	−9,5842	9,652.8824	9,5307	9,326
53	226.35.39,4	9,08330	1,12627	−0. 0.49,8	−8,1726	−9,5855	9,655.6779	9,4863	9,214
54	229.29. 7,7	9,07830	1,12625	−0.22. 7,5	−8,1670	−9,5858	9,658.1895	9,4372	9,063

150. L'heure de l'argument T étant la *douzième*, pendant tout le mois de janvier 1852, *trente et une lignes consécutives* de la Table précédente, prises depuis le *dix-neuvième* jusqu'au *quarante-neuvième* jour, renferment tout ce qui est nécessaire pour calculer l'éphéméride de la planète dans ce mois. Le *calcul complet* de la longitude réduite à l'écliptique se trouve compris sous le n° **154**. En disant que ce calcul est *complet*, j'entends qu'il se trouve dans cette page tel qu'il a été fait, sans omission d'aucune opération intermédiaire. En d'autres termes, c'est la minute du calcul que je représente. Le n° **155** renferme semblablement le calcul *complet* de la latitude ; et le n° **156** comprend celui du logarithme de la projection du rayon vecteur sur l'écliptique. Je n'ai que peu de mots à ajouter sur le détail des opérations.

Longitude (n° **154**).

151. La *première colonne* renferme les jours du mois.

La *deuxième colonne* renferme les jours de T, ainsi qu'on l'a déjà expliqué n° **144**. La fraction de jour est inscrite en tête de la page.

Dans la *cinquième colonne*, sous le titre v_1 *pour* 12 *heures*, j'ai écrit les nombres contenus dans la deuxième colonne de la Table IV, n° **149**. Ceci est une simple copie, dont on pourrait même se dispenser dans la pratique, pourvu qu'on ait un peu d'habitude du calcul. Il reste à ajouter à ces nombres v_1 la partie proportionnelle pour $16^m 43^s,6$, et la partie séculaire correspondant à 33 révolutions anomalistiques de la planète.

Le logarithme de $16^m 43^s,6$ est 3,00156, ainsi qu'on le trouve en tête du calcul, n° **154**. J'ajoute ce logarithme à celui du mouvement de v_1 en 1 seconde de temps (Table IV, 3ᵉ colonne). J'ai ainsi le logarithme de la partie proportionnelle, lequel est inscrit dans la *troisième colonne* du calcul de la longitude. La partie proportionnelle est elle-même inscrite dans la *sixième colonne*.

J'ajoute semblablement le logarithme 1,51851 de $m = 33$, au logarithme de la variation séculaire, qui est compris dans la quatrième colonne de la Table IV. J'obtiens ainsi le logarithme de la variation séculaire de v_1, et je l'inscris dans la quatrième colonne des calculs. La variation séculaire elle-même se trouve dans la septième colonne.

Réunissant enfin les nombres compris dans les colonnes 5, 6 et 7, je trouve la *longitude réduite à l'écliptique*.

Voici, en particulier, le calcul de v_1 pour le 3 janvier 1852. Nous pourrons comparer le résultat à celui qui a déjà été obtenu, pour cette époque, au moyen des Tables construites dans la forme ordinaire :

v_1 pour 12^h . . . . $= 86°.41'.40'',5$
Partie proportionnelle. . . $= 4.23,1$ log $= 2,42011$
Variation séculaire. . . . . . $= 7.22,1$ log $= 2,64526$

$v_1 = 86°.53'.25'',7$

Nombre obtenu, n° **151**, par
l'emploi des Tables ordinaires. $v_1 = 86°.53'.25'',7$

On voit qu'il y a identité complète entre les deux résultats.

Latitude (n° **155**).

152. Le calcul de la latitude est en tout semblable à celui de la longitude. Il suffit de substituer aux colonnes 2, 3 et 4 de la Table IV, les colonnes 5, 6 et 7 de la même Table, et d'en faire le même emploi. Je me bornerai donc à rapporter le calcul de la latitude pour le 3 janvier 1852 :

λ pour 12^h . . . . $= 4°.32'.2'',5$
Partie proportionnelle. . . $= 24,5$ log $= 1,3888$
Variation séculaire. . . . . . $= 10,1$ log $= 1,0024$

Latitude. . . . . $= 4°.32'.37'',1$

Nombre obtenu, n° **152**, par l'emploi des Tables ordinaires. . . $= 4°.32'.37'',1$

Ces deux résultats coïncident encore parfaitement.

Logarithme de la projection du rayon sur l'écliptique (n° **156**).

153. On emploiera les colonnes 8, 9 et 10 de la Table IV, et le calcul sera en tout semblable à ceux de la longitude et de la latitude.

Calcul de log r_1 pour le 3 janvier 1852 :

Log r_1 pour 12^h. . . . . $= 9,488.0840$
Partie proportionnelle. . . $= +\ 157$ log $= +\ 2,1949$
Variation séculaire. . . . . . $= -\ 25$ log $= -\ 1,404$

log $r_1 = 9,488.0972$

Nombre obtenu, n° **154**, par
l'emploi des Tables ord., log $r_1 = 9,488.0972$

Ainsi, il y a identité entre les trois coordonnées, obtenues par les deux méthodes.

184. *Éphéméride de Mercure, pour le mois de janvier* 1852.

LONGITUDE.

Fraction du jour. . . . . $12^h\,16^m\,43^s,6$ $m = 33$

Logarithme des minutes et secondes. 3,00156 $\log m = 1,51851$.

JOURS du mois.	JOURS de T.	LOGARITHME de la partie proportionnelle	LOGARITHME de la variation séculaire.	v_1 pour 12 heures.	PARTIE proportionnelle.	VARIATION séculaire + 0″,3.	LONGITUDE réduite à l'écliptique.
1	19	2,42202	2,64477	74°. 3′.57″,8	4′.24″,3	7′.21″,6	74°.15′.43″,7
2	20	2,42194	2,64501	80.23.13,3	4.24,2	7.21,9	80.34.59,4
3	21	2,42011	2,64526	86.41.40,5	4.23,1	7.22,1	86.53.25,7
4	22	2,41656	2,64550	92.57.49,2	4.21,0	7.22,4	93. 9.32,6
5	23	2,41134	2,64574	99.10.12,7	4.17,8	7.22,6	99.21.53,1
6	24	2,40455	2,64596	105.17.30,7	4.13,8	7.22,8	105.29. 7,3
7	25	2,39630	2,64616	111.18.31,5	4. 9,0	7.23,1	111.30. 3,6
8	26	2,38673	2,64633	117.12.13,4	4. 3,6	7.23,2	117.23.40,2
9	27	2,37601	2,64647	122.57.46,1	3.57,7	7.23,4	123. 9. 7,2
10	28	2,36431	2,64657	128.34.30,8	3.51,4	7.23,5	128.45.45,7
11	29	2,35180	2,64664	134. 2. 0,2	3.44,8	7.23,5	134.13. 8,5
12	30	2,33864	2,64667	139.19.57,3	3.38,1	7.23,6	139.30.59,0
13	31	2,32500	2,64667	144.28.14,7	3.31,3	7.23,6	144.39. 9,6
14	32	2,31104	2,64664	149.26.53,4	3.24,7	7.23,5	149.37.41,6
15	33	2,29689	2,64659	154.16. 1,3	3.18,1	7.23,5	154.26.42,9
16	34	2,28269	2,64652	158.55.51,8	3.11,7	7.23,4	159. 6.26,9
17	35	2,26854	2,64643	163.26.42,6	3. 5,6	7.23,3	163.37.11,5
18	36	2,25453	2,64633	167.48.54,7	2.59,7	7.23,2	167.59.17,6
19	37	2,24077	2,64622	172. 2.51,4	2.54,1	7.23,1	172.13. 8,6
20	38	2,22731	2,64610	176. 8.57,6	2.48,8	7.23,0	176.19. 9,4
21	39	2,21422	2,64597	180. 7.38,7	2.43,8	7.22,9	180.17.45,4
22	40	2,20154	2,64585	183.59.20,8	2.39,0	7.22,7	184. 9.22,5
23	41	2,18932	2,64574	187.44.29,6	2.34,6	7.22,6	187.54.26,8
24	42	2,17757	2,64563	191.23.30,4	2.30,5	7.22,5	191.33.23,4
25	43	2,16635	2,64552	194.56.48,0	2.26,7	7.22,4	195. 6.37,1
26	44	2,15567	2,64541	198.24.46,4	2.23,1	7.22,3	198.34.31,8
27	45	2,14553	2,64530	201.47.48,8	2.19,8	7.22,2	201.57.30,8
28	46	2,13594	2,64521	205. 6.17,2	2.16,8	7.22,1	205.15.56,1
29	47	2,12693	2,64513	208.20.33,2	2.14,0	7.22,0	208.30. 9,2
30	48	2,11849	2,64505	211.30.56,8	2.11,4	7.21,9	211.40.30,1
31	49	2,11061	2,64497	214.37.47,4	2. 9,0	7.21,8	214.47.18,2

155. *Éphéméride de Mercure, pour le mois de janvier* 1852.

LATITUDE.

Fraction du jour. . . . . $12^h\,16^m\,43^s,6$ $m = 33$

Logarithme des minutes et secondes. 3,00156 $\log m = 1,51851$.

JOURS du mois.	JOURS de T.	LOGARITHME de la partie proportionnelle	LOGARITHME de la variation séculaire.	LATITUDE pour 12 heures.	PARTIE propor-tionnelle.	VARIATION séculaire.	LATITUDE.
1	19	1,4570	1,0603	3°.15′.18″,7	28″,6	11″,5	3°.15′.58″,8
2	20	1,4276	1,0350	3.55.10,1	26,8	10,8	3.55.47,7
3	21	1,3888	1,0024	4.32. 2,5	24,5	10,1	4.32.37,1
4	22	1,3393	0,9617	5. 5.23,0	21,9	9,2	5. 5.54,1
5	23	1,2778	0,9112	5.34.45,9	19,0	8,2	5.35.13,1
6	24	1,2017	0,8493	5.59.53,0	15,9	7,1	6. 0.16,0
7	25	1,1070	0,7727	6.20.34,3	12,8	5,9	6.20.53,0
8	26	0,9863	0,6755	6.36.47,3	9,7	4,7	6.37. 1,7
9	27	0,8242	0,5474	6.48.36,0	6,7	3,5	6.48.46,2
10	28	0,5794	0,3641	6.56.10,5	3,8	2,3	6.56.16,6
11	29	+ 0,0449	+ 0,0451	6.59.45,0	+ 1,1	+ 1,1	6.59.47,2
12	30	− 0,1345	− 8,8447	6.59.36,8	− 1,4	− 0,1	6.59.35,3
13	31	− 0,5565	− 0,0838	6.56. 5,4	− 3,6	− 1,2	6.56. 0,6
14	32	− 0,7485	− 0,3640	6.49.31,1	− 5,6	− 2,3	6.49.23,2
15	33	− 0,8676	− 0,5261	6.40.14,1	− 7,4	− 3,4	6.40. 3,3
16	34	− 0,9501	− 0,6383	6.28.34,2	− 8,9	− 4,4	6.28.20,9
17	35	− 1,0106	− 0,7227	6.14.50,4	−10,3	− 5,3	6.14.34,8
18	36	− 1,0562	− 0,7890	5.59.20,2	−11,4	− 6,2	5.59. 2,6
19	37	− 1,0914	− 0,8426	5.42.19,6	−12,3	− 7,0	5.42. 0,3
20	38	− 1,1186	− 0,8868	5.24. 3,2	−13,1	− 7,7	5.23.42,4
21	39	− 1,1397	− 0,9239	5. 4.44,1	−13,8	− 8,4	5. 4.21,9
22	40	− 1,1561	− 0,9551	4.44.33,8	−14,3	− 9,0	4.44.10,5
23	41	− 1,1686	− 0,9818	4.23.42,5	−14,7	− 9,6	4.23.18,2
24	42	− 1,1780	− 1,0045	4. 2.19,3	−15,1	−10,1	4. 1.54,1
25	43	− 1,1848	− 1,0239	3.40.31,9	−15,3	−10,6	3.40. 6,0
26	44	− 1,1895	− 1,0404	3.18.27,1	−15,5	−11,0	3.18. 0,6
27	45	− 1,1923	− 1,0545	2.56.10,8	−15,6	−11,3	2.55.43,9
28	46	− 1,1937	− 1,0663	2.33.48,1	−15,6	−11,7	2.33.20,8
29	47	− 1,1937	− 1,0763	2.11.23,2	−15,6	−11,9	2.10.55,7
30	48	− 1,1925	− 1,0845	1.49. 0,1	−15,6	−12,1	1.48.32,4
31	49	− 1,1904	− 1,0911	1.26.41,9	−15,5	−12,3	1.26.14,1

156. *Éphéméride de Mercure, pour le mois de janvier* 1852.

RAYON.

Fraction du jour. . . . . $12^h\,16^m 43^s,6$ $m = 33$

Logarithme des minutes et secondes. 3,00156 $\log m = 1,51851$.

JOURS du mois.	JOURS de T.	LOGARITHME de la partie proportionnelle.	LOGARITHME de la variation séculaire.	Log r_1 pour 12 heures.	PARTIE proportionnelle.	VARIATION séculaire.	LOGARITHME du rayon projeté sur l'écliptique.
1	19	— 1,6557	— 1,354	9,487.1612	— 45	— 23	9,487.1544
2	20	+ 1,7460	— 1,388	9,487.1874	+ 56	— 24	9,487.1906
3	21	2,1949	— 1,404	9,488.0840	157	— 25	9,488.0972
4	22	2,4071	— 1,407	9,489.8420	255	— 26	9,489.8649
5	23	2,5438	— 1,396	9,492.4334	350	— 25	9,492.4659
6	24	2,6416	— 1,369	9,495.8137	438	— 23	9,495.8552
7	25	2,7150	— 1,324	9,499.9237	519	— 21	9,499.9735
8	26	2,7713	— 1,259	9,504.6924	591	— 18	9,504.7497
9	27	2,8148	— 1,168	9,510.0404	653	— 15	9,510.1042
10	28	2,8482	— 1,047	9,515.8831	705	— 11	9,515.9525
11	29	2,8735	— 0,874	9,522.1337	747	— 7	9,522.2077
12	30	2,8909	— 0,573	9,528.7068	780	— 4	9,528.7844
13	31	2,9047	— 8,901	9,535.5209	803	— 0	9,535.6012
14	32	2,9126	+ 0,534	9,542.4996	818	+ 3	9,542.5817
15	33	2,9162	0,820	9,549.5720	825	7	9,549.6552
16	34	2,9162	0,972	9,556.6745	825	9	9,556.7579
17	35	2,9130	1,071	9,563.7511	818	12	9,563.8341
18	36	2,9070	1,139	9,570.7534	807	14	9,570.8355
19	37	2,8983	1,189	9,577.6392	791	15	9,577.7198
20	38	2,8874	1,223	9,584.3724	772	17	9,584.4513
21	39	2,8744	1,245	9,590.9232	749	18	9,590.9999
22	40	2,8595	1,259	9,597.2671	724	18	9,597.3413
23	41	2,8427	1,262	9,603.3837	696	18	9,603.4551
24	42	2,8241	1,261	9,609.2566	667	18	9,609.3251
25	43	2,8038	1,251	9,614.8731	637	18	9,614.9386
26	44	2,7818	1,235	9,620.2232	605	17	9,620.2854
27	45	2,7581	1,215	9,625.2995	573	16	9,625.3584
28	46	2,7326	1,186	9,630.0967	540	15	9,630.1522
29	47	2,7051	1,154	9,634.6106	507	14	9,634.6627
30	48	2,6757	1,113	9,638.8390	474	13	9,638.8877
31	49	2,6439	1,062	9,642.7805	440	12	9,642.8257

Tables des perturbations du mouvement héliocentrique.

157. Prenons pour exemple les perturbations produites par Vénus. J'ai supposé précédemment qu'on appliquerait la principale perturbation

$$7'',49 \sin (5l'-2l-32°54')$$

à la longitude moyenne et à l'anomalie moyenne qui sert au calcul de l'équation du centre ; que les autres perturbations s'appliqueraient à la longitude vraie. Mais on ne peut suivre cette marche qu'avec l'ancienne disposition des Tables ; dans la nouvelle forme elle serait peu commode, et il est préférable de rendre toutes les perturbations applicables à la longitude vraie v de la planète. L'exception qui existait à l'égard de la perturbation précédente venait de ce qu'en formant l'expression de $\delta\zeta$, qui avait servi au calcul des perturbations de la longitude vraie au moyen des formules n° **12**, nous avions omis cette perturbation. Si nous en tenons compte dans le calcul de $\delta\zeta$, l'exception disparaîtra, et toutes les perturbations deviendront applicables à la longitude vraie de la planète.

Supposons les nouveaux calculs effectués. Il conviendra de rapporter les coefficients des termes obtenus à la masse de Vénus déterminée au n° **104** : et pour cela il suffira de multiplier leur valeur absolue par 1,031. On trouvera ainsi :

Perturbations de la longitude héliocentrique, produites par Vénus.

$$\begin{aligned}
\delta v = {} & 0'',31 \sin (l' - 76°25') \\
& + 0,75 \sin (l' - l) \\
& - 0,09 \sin (l' + l + 32°\ 1') \\
& + 0,19 \sin (l' - 2l + 77.28) \\
& - 0,06 \sin (l' - 3l - 38.39) \\[1em]
& + 0'',78 \sin (2l' + 31°36') \\
& - 3,96 \sin (2l' - l - 74°27') \\
& + 0,20 \sin (2l' + l - 42.53) \\
& - 2,22 \sin (2l' - 2l) \\
& - 0,58 \sin (2l' - 3l + 75°27') \\
& + 0,14 \sin (2l' - 4l - 30.16) \\
& + 0,06 \sin (2l' - 5l + 38.31)
\end{aligned}$$

$$
\begin{array}{l}
-\ 0'',11 \sin (3l' - 37^\circ 53') \\
-\ 0,60 \sin (3l' - l + 32^\circ 19') \\
-\ 1,45 \sin (3l' - 2l - 73.53) \\
-\ 0,48 \sin (3l' - 3l) \\
-\ 0,15 \sin (3l' - 4l + 74^\circ\ 3') \\
\\
-\ 0'',10 \sin (4l' - l - 45^\circ\ 0') \\
-\ 0,54 \sin (4l' - 2l + 30.57) \\
+\ 0,33 \sin (4l' - 3l - 73.49) \\
+\ 0,05 \sin (4l' - 4l) \\
\\
+\ 0'',39 \sin (5l' + 178^\circ 30') \\
+\ 1,55 \sin (5l' - l + 252^\circ 54') \\
+\ 0,09 \sin (5l' + l + 108.26) \\
+\ 7,72 \sin (5l' - 2l - 32.54) \\
+\ 3,03 \sin (5l' - 3l + 37.32) \\
+\ 0,75 \sin (5l' - 4l + 111.40) \\
+\ 0,21 \sin (5l' - 5l + 188.32) \\
+\ 0,06 \sin (5l' - 6l + 270.\ 0) \\
\\
+\ 0'',08 \sin (6l' - 3l - 50^\circ 11') \\
-\ 0,09 \sin (8l' - 3l - 6.44) \\
+\ 0,09 \sin (10l' - 4l - 69.14).
\end{array}
$$

Enfin, puisque, dans la nouvelle forme des Tables, je calcule immédiatement la longitude réduite à l'écliptique, il convient de donner les perturbations de cet angle et non pas celles de la longitude dans l'orbite ; d'autant plus que, dans la forme ordinaire, il est également simple d'appliquer les perturbations après la réduction à l'écliptique, ou avant cette réduction. Or, on passera des perturbations de v à celles de v_1, en ajoutant aux premières une correction égale à

$$- 2 \tang^2 \frac{\varphi}{2} \cos \left(2v - 2\theta\right) \delta v.$$

Cette correction est fort petite : j'ai soin cependant d'en tenir compte lorsqu'après avoir réduit δv en Table, j'en déduis la Table des valeurs de δv_1.

158. Considérons en particulier l'un des termes

$$k \sin (i'l' - il + \gamma)$$

de δv, et remplaçons d'abord la variable l, dont il dépend, en fonction de l'argument T; l est la longitude moyenne de Mercure, comptée de l'équinoxe de 1800 : il faut donc, au 1er janvier 1844, mettre, à la place de l, l'époque de cette année ε_1, diminuée de la précession en 44 ans, et ainsi l'on trouve, à partir du 1er janvier 1844,

$$l = \varepsilon_1 - 44p + nt;$$

actuellement $t = Sm + T$, et l'on en déduit

$$l = \varepsilon_1 - 44p + nT + (n - \varpi')\,Sm + \varpi' t.$$

Or, on peut dans le second membre négliger $(n - \varpi')\,S.m$, qui est un nombre exact de circonférences; on peut aussi négliger $\varpi' t$, qui est de l'ordre des masses perturbatrices, en n'omettant que des termes proportionnels aux carrés des masses, et l'on a simplement

$$l = \varepsilon_1 - 44p + nT.$$

Quant à l', qui représente la longitude moyenne de Vénus, comptée de l'équinoxe de 1800, nous la représenterons, suivant l'usage introduit par Carlini, par

$$l' = \varepsilon' + n' J',$$

ε' étant la longitude de l'époque au 31 décembre 1799, à midi moyen, n' le moyen mouvement sidéral de Vénus en un jour, et J' le nombre de jours écoulés depuis le 31 décembre 1799. La durée de la révolution sidérale de Vénus étant de $224^j,701$, on aura soin de retrancher de J' le plus grand multiple de $224^j,701$ qui y sera contenu.

La perturbation considérée deviendra ainsi fonction des variables T et J', et prendra la forme suivante :

$$k \sin \left[i'n'J' - in.T + i'\varepsilon' - i\left(\varepsilon_1 - 44p\right) + q \right],$$

où l'on a

$$\begin{aligned} \varepsilon_1 - 44p &= 354^\circ\ 6'\ 18'', \\ \varepsilon' &= 145^\circ\ 8'\ 48'', \\ n &= 4^\circ\ 5'\ 32'',42, \\ n' &= 1^\circ\ 36'\ 7'',67. \end{aligned}$$

159. Examinons maintenant quelle forme il convient de donner à la

Table des valeurs de δv, afin de réunir, s'il est possible, l'exactitude et la simplicité.

Quelques auteurs, désireux de s'astreindre à l'emploi exclusif des Tables à simple entrée, ont employé, pour calculer les perturbations de la longitude, autant de Tables particulières qu'il y avait d'arguments différents dans les principaux termes de la perturbation totale, et ils ont laissé de côté les termes les plus petits. Mais je ferai remarquer d'abord que, lorsque la perturbation totale est peu considérable, on ne gagne rien, relativement à la simplicité du calcul, à substituer plusieurs Tables à simple entrée, à une Table unique à double entrée. En second lieu, pour éviter de multiplier d'une manière exorbitante ces petites Tables à simple entrée, d'arguments différents les uns des autres, on est obligé de sacrifier toutes les petites perturbations, dont la somme peut quelquefois s'élever à plusieurs secondes; ce qui est fâcheux.

Imaginons donc que nous ayons réduit l'ensemble de toutes les perturbations en une Table unique à double entrée, dans laquelle nous pouvons ne négliger aucun terme; et supposons que, dans une *même colonne verticale*, nous ayons placé la suite des valeurs de δv_1 correspondant à la suite des valeurs de T, mais pour une valeur invariable de J'; qu'au contraire, nous ayons placé, dans une *même ligne horizontale*, la suite des valeurs de δv_1 correspondant à la suite des valeurs de J', mais pour une même valeur de T. La recherche de δv_1, dans cette Table, et pour deux valeurs quelconques de J' et T, demandera en général *trois* parties proportionnelles; et, de plus, bien que d'un jour à l'autre la perturbation réelle du mouvement de la planète varie très-peu, on aura à opérer sur des nombres assez différents les uns des autres; on devra changer à la fois de colonne et de ligne, ce qui est fort incommode dans la pratique. Cet inconvénient provient du mode de réduction même, dans lequel on suppose que, des deux arguments J' et T, l'un varie pendant que l'autre reste constant, ce qui n'a pas lieu dans la nature. En sorte que des perturbations qui se suivent dans une même colonne verticale, ou dans une même ligne horizontale, ne se produiront peut-être qu'à des milliers d'années d'intervalle.

Mais, au lieu des arguments J' et T, employons les arguments T et J'—T, et les inconvénients précédents disparaîtront. En effet, si nous venons à supposer pour la réduction en Table que J'—T reste constant pendant que T varie de 0 à 88 jours, nous ferons une hypothèse conforme à ce qui a lieu réellement, puisque J' et T augmentent simultanément du même nombre de jours, et qu'ainsi leur différence reste constante. Il en résultera que les perturbations contenues dans une même colonne verticale, correspondant à une valeur unique de J′—T, seront celles qui affecteront véritablement le mouvement de la planète pendant 88 jours consécutifs, et par là l'emploi de la Table à double entrée deviendra aussi commode que celui d'une Table à simple entrée.

160. Pour introduire cette modification dans la disposition de la Table, je poserai

$$k \sin(i'n'J' - inT + \alpha) = k \sin[i'n'(J'-T) + T(i'n' - in) + \alpha],$$

et je ferai varier T de 4 en 4 jours, et de 0 à 88 jours; J′—T de 2 en 2 jours et de 0 à 228 jours. Supposons les différents calculs que nous venons d'indiquer effectués sur l'expression complète de δv; transformons, pour plus de commodité, les angles placés sous les signes trigonométriques en grades, et écrivons :

$$\begin{aligned} A_1 = {} & 0'',31 \cos\{76^g,36 + T\,n'\} \\ & + 0,75 \cos\{167,82 + T(n' - n)\} \\ & + 0,09 \cos\{390,30 + T(n' + n)\} \\ & + 0,19 \cos\{260,45 + T(n' - 2n)\} \\ & + 0,06 \cos\{337,98 + T(n' - 3n)\}, \end{aligned}$$

$$\begin{aligned} A_2 = {} & 0'',78 \cos\{357^g,66 + T.2n'\} \\ & + 3,96 \cos\{46,37 + T(2n' - n)\} \\ & + 0,20 \cos\{268,35 + T(2n' + n)\} \\ & + 2,22 \cos\{135,65 + T(2n' - 2n)\} \\ & + 0,58 \cos\{226,03 + T(2n' - 3n)\} \\ & + 0,14 \cos\{315,11 + T(2n' - 4n)\} \\ & + 0,06 \cos\{398,10 + T(2n' - 5n)\}, \end{aligned}$$

$$\begin{aligned} A_3 = {} & 0'',11 \cos\{241^g,73 + T.3n'\} \\ & + 0,60 \cos\{326,28 + T(3n' - n)\} \\ & + 1,45 \cos\{214,83 + T(3n' - 2n)\} \\ & + 0,48 \cos\{303,47 + T(3n' - 3n)\} \\ & + 0,15 \cos\{392,30 + T(3n' - 4n)\}. \end{aligned}$$

$$
\begin{aligned}
A_4 = {} & 0'',10 \cos\{\ \ 1'',64 + T.(4n' - n)\} \\
& + 0,54 \cos\{\ 92,58 + T(4n' - 2n)\} \\
& + 0,33 \cos\{182,72 + T(4n' - 3n)\} \\
& + 0,05 \cos\{271,29 + T(4n' - 4n)\},
\end{aligned}
$$

$$
\begin{aligned}
A_5 = {} & 0'',39 \cos\{204'',70 + T.5n'\} \\
& + 1,55 \cos\{293,92 + T(5n' - n)\} \\
& + 0,09 \cos\{120,30 + T(5n' + n)\} \\
& + 7,72 \cos\{382,91 + T(5n' - 2n)\} \\
& + 3,03 \cos\{\ 67,72 + T(5n' - 3n)\} \\
& + 0,75 \cos\{156,63 + T(5n' - 4n)\} \\
& + 0,21 \cos\{248,60 + T(5n' - 5n)\} \\
& + 0,06 \cos\{345,67 + T(5n' - 6n)\}.
\end{aligned}
$$

Désignons, en outre, par B_1, B_2, B_3, B_4, B_5 ce que deviennent A_1, A_2, A_3, A_4, A_5 quand on y remplace les cosinus des angles par les sinus des mêmes angles, et posons

$$
\left\{\begin{array}{l} k_1 \cos \varphi_1 = A_1, \\ k_1 \sin \varphi_1 = B_1, \end{array}\right. \qquad
\left\{\begin{array}{l} k_2 \cos \varphi_2 = A_2, \\ k_2 \sin \varphi_2 = B_2, \end{array}\right.
$$

$$
\left\{\begin{array}{l} k_3 \cos \varphi_3 = A_3, \\ k_3 \sin \varphi_3 = B_3, \end{array}\right. \qquad
\left\{\begin{array}{l} k_4 \cos \varphi_4 = A_4, \\ k_4 \sin \varphi_4 = B_4, \end{array}\right.
$$

$$
\left\{\begin{array}{l} k_5 \cos \varphi_5 = A_5, \\ k_5 \sin \varphi_5 = B_5. \end{array}\right.
$$

L'expression de δv deviendra ainsi la suivante :

$$
\begin{aligned}
\delta v = {} & k_1 \sin[(j - T)\ \ n' + \varphi_1] \\
& + k_2 \sin[(j - T).\ 2n' + \varphi_2] \\
& + k_3 \sin[(j - T).\ 3n' + \varphi_3] \\
& + k_4 \sin[(j - T).\ 4n' + \varphi_4] \\
& + k_5 \sin[(j - T).\ 5n' + \varphi_5] \\
& + 0'',08 \sin[(j - T).\ 6n' + 131,53 + T(\ 6n' - 3n)] \\
& + 0,09 \sin[(j - T).\ 8n' + 302,36 + T(\ 8n' - 3n)] \\
& + 0,09 \sin[(j - T).\ 10n' + 362,01 + T(10n' - 4n)].
\end{aligned}
$$

Une valeur arbitraire étant donnée à T, on calculera d'abord les auxiliaires A_1, A_2,..., B_1, B_2,..., qui ne dépendent que de cette variable ; et l'on en déduira k_1, k_2,..., φ_1, φ_2,.... Cela étant fait, la valeur de δv sera connue pour cette valeur de T, sous la forme où elle est représentée par le plus petit nombre de termes possible. On la réduira donc aisément en Table.

161. L'argument T est déjà connu par le calcul de la position elliptique. Il reste, pour faire usage de la Table précédente, à déterminer J′ — T.

Cet argument est, au 1er janvier 1844, égal à 116. Dans les jours suivants, J′ et T augmentant simultanément chaque jour d'une unité, J′ — T conserve la même valeur; mais lorsque T, venant à surpasser 87,969, on doit le diminuer de cette quantité, J′ — T augmente de 87,969 ; et ainsi de suite. D'autre part, comme on peut ajouter à J′, ou en retrancher un multiple de la durée $224^j,701$ de la révolution sidérale de Vénus, on en conclut l'expression générale de J′ — T, qui ne dépend que du nombre des révolutions complètes de Mercure.

Je donne une Table de cet argument pour toutes les valeurs de *m* comprises entre ± 1000, Table qui suffira pour le calcul de toutes les observations exactes de la planète, faites antérieurement à 1844, et qui, postérieurement à cette époque, donnera à vue, pendant deux cent quarante ans, la seule valeur de l'argument J′ — T dont on ait besoin pendant une révolution complète de la planète, pour calculer ses perturbations.

162. Telles sont les bases sur lesquelles reposent les nouvelles Tables de Mercure que j'ai construites. Les développements dans lesquels je viens d'entrer me permettront de réduire, autant que possible, le volume des Tables, en bornant le préambule aux explications nécessaires pour leur usage immédiat. Leur publication ne se fera pas attendre.

www.ingramcontent.com/pod-product-compliance
Ingram Content Group UK Ltd.
Pitfield, Milton Keynes, MK11 3LW, UK
UKHW021150260726
13994UKWH00001B/375